JOY RL

强化学习实践教程

江季 王琦 杨毅远 著

人 民 邮 电 出 版 社
北 京

图书在版编目（CIP）数据

Joy RL：强化学习实践教程 / 江季，王琦，杨毅远著. -- 北京 : 人民邮电出版社，2025.4
ISBN 978-7-115-63154-1

Ⅰ. ①J… Ⅱ. ①江… ②王… ③杨… Ⅲ. ①机器学习—教材 Ⅳ. ①TP181

中国国家版本馆CIP数据核字(2023)第223333号

内 容 提 要

本书是继《Easy RL：强化学习教程》（俗称“蘑菇书”）之后，为强化学习的读者专门打造的一本深入实践的全新教程。全书大部分内容基于 3 位作者的实践经验，涵盖马尔可夫决策过程、动态规划、免模型预测、免模型控制、深度学习基础、DQN 算法、DQN 算法进阶、策略梯度、Actor-Critic 算法、DDPG 与 TD3 算法、PPO 算法等内容，旨在帮助读者快速入门强化学习的代码实践，并辅以一套开源代码框架“JoyRL”，便于读者适应业界应用研究风格的代码。

与“蘑菇书”不同，本书针对强化学习核心理论进行提炼，并串联知识点，重视强化学习代码实践的指导而不是对于理论的详细讲解。本书适合具有一定编程基础且希望快速进入实践应用阶段的读者阅读。

◆ 著　　　江 季 王 琦 杨毅远
责任编辑　郭 媛
责任印制　陈 犇
◆ 人民邮电出版社出版发行　北京市丰台区成寿寺路 11 号
邮编 100164　电子邮件 315@ptpress.com.cn
网址 https://www.ptpress.com.cn
临西县阅读时光印刷有限公司印刷
◆ 开本：720×960 1/16
印张：10.75　2025 年 4 月第 1 版
字数：164 千字　2025 年 4 月河北第 1 次印刷

定价：79.80 元

读者服务热线：(010)81055410　印装质量热线：(010)81055316
反盗版热线：(010)81055315

前　言

在几年前，我们“‘蘑菇书’三剑客”（笔者、王琦、杨毅远）已经在 GitHub 上发布过线上教程“EasyRL”，填补了强化学习国内相关资料较少的空缺。特此再次衷心感谢李宏毅、周博磊、李科浇 3 位老师的授权与开源奉献精神，没有他们的鼓励与无私奉献，就没有深受广大强化学习初学者喜爱的“蘑菇书”。受到广大读者的鼓励，我们不断优化教程，以期帮助读者更好、更愉快地入门强化学习。

时光荏苒，笔者已在业界深耕多年，对于强化学习实践有了更加深入的认识，并在理论与实践的结合方面有了一些心得。与此同时，我们也发现读者在将理论应用到实践的过程中似乎遇到了一些困难。首先，很多已经有人工智能知识基础的读者只是想用强化学习来做一些其他方面的交叉研究，但由于强化学习理论错综复杂，对于这样的读者来说很难在短时间内快速把握其重点，并且容易陷入一些与实践关系不大的小知识点的陷阱中。其次，有一些读者很难将强化学习中的公式和实际代码对应起来，例如策略函数的设计等，并且对算法的各种超参数的调整也不知从何处入手。

虽然市面上已经有一些关于强化学习实践的教程，但是这些教程往往过于偏重实践，忽视了理论与实践之间的平衡。此外，相关的实践也往往局限于一些简单的实验和算法，涵盖的内容不够全面。鉴于这些现状，笔者希望读者对强化学习知识有更深入、全面的了解，这也是本书编写的初衷。

本书的内容主要基于我们的理论知识与实践经验，并融入了一些原创内容，例如针对策略梯度算法的两种不同的推导版本，以便让读者从不同的角度更好地理解相关知识。全书始终贯穿强化学习实践中的一些核心问题，比如优化值估计的实践技巧、解决探索与利用的平衡等问题。全书的内容编排合理，例如从传统强化学习到深度强化学习过渡的内容中，增加对深度学习基础的总结归纳内容，并对一些应用十分广泛的强化学习算法，如 DQN、DDPG 以及 PPO 等算法进行强调，读者可有选择性地阅读。本书除了给出一些简单的配套代码之外，还提供一套“JoyRL”开源框架，以及更多复杂环境实验示例，想要深入了解的读者可自行研究。

本书由开源组织 Datawhale 的成员采用开源协作的方式完成，历时 1 年有余，主要参与者包括笔者、王琦和杨毅远。此外，十分感谢谌蕊（清华大学）、丁立（上海交通大学）、郭事成（安徽工业大学）、孙成超（浙江理工大学）、刘二龙（南京大学）、潘笃驿（西安电子科技大学）、邱雯（日本北见工业大学）、管媛媛（西南交通大学）、王耀晨（南京邮电大学）等同学参与“JoyRL”开源框架的共建，以及林诗颖同学在本书编写过程中的友情帮助。在本书写作和出版过程中，人民邮电出版社提供了很多出版的专业意见和支持，在此特向信息技术分社社长陈冀康老师和本书的责任编辑致谢。

由于笔者水平有限，书中难免有疏漏和不妥之处，还望读者批评指正。

江季

2024 年 9 月

资源与支持

本书由异步社区出品，异步社区（www.epubit.com）为您提供后续服务。

资源获取

本书提供如下资源：

- 配套代码；
- 练习题答案；
- 思维导图。

要想获得以上资源，您可以扫描下方二维码，根据指引领取。

提交勘误

作者和编辑尽最大努力来确保书中内容的准确性，但难免会存在疏漏。欢迎您将发现的问题反馈给我们，帮助我们提升图书的质量。

当您发现错误时，请登录异步社区，按书名搜索，进入本书页面，点击“发表勘误”，输入错误信息，点击“提交勘误”按钮即可（见下图）。本书的作者和编辑会对您提交的错误信息进行审核，确认并接受后，您将获得异步社区的 100 积分。积分可用于在异步社区兑换优惠券、样书或奖品。

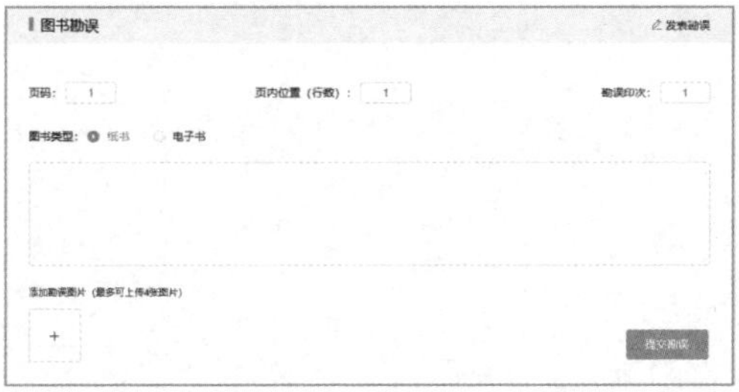

图书勘误　　发表勘误

页码：1　　页内位置（行数）：1　　勘误印次：1

图书类型：纸书　电子书

添加勘误图片（最多可上传4张图片）

提交勘误

与我们联系

我们的联系邮箱是 contact@epubit.com.cn。

如果您对本书有任何疑问或建议，请您发邮件给我们，并请在邮件标题中注明本书书名，以便我们更高效地做出反馈。

如果您有兴趣出版图书、录制教学视频，或者参与图书翻译、技术审校等工作，可以发邮件给我们。

如果您所在的学校、培训机构或企业，想批量购买本书或异步社区出版的其他图书，也可以发邮件给我们。

如果您在网上发现有针对异步社区出品图书的各种形式的盗版行为，包括对图书全部或部分内容的非授权传播，请您将怀疑有侵权行为的链接通过邮件发给我们。您的这一举动是对作者权益的保护，也是我们持续为您提供有价值的内容的动力之源。

关于异步社区和异步图书

异步社区是由人民邮电出版社创办的 IT 专业图书社区，于 2015 年 8 月上线运营，致力于优质内容的出版和分享，为读者提供高品质的学习内容，为作译者提供专业的出版服务，实现作者与读者在线交流互动，以及传统出版与数字出版的融合发展。

异步图书是异步社区策划出版的精品 IT 图书的品牌，依托于人民邮电出版社的计算机图书出版积累和专业编辑团队，相关图书在封面上印有异步图书的 LOGO。异步图书的出版领域包括软件开发、大数据、人工智能、测试、前端、网络技术等。

目　　录

第 1 章　绪论

在正式介绍具体的强化学习（reinforcement learning，RL）算法之前，本章先从宏观角度讨论强化学习的相关概念及应用等，帮助读者更好地“观其大略”。对于想利用强化学习做一些交叉研究的读者来说，更应该先通过本章了解强化学习是什么、大概能做什么、能实现什么样的效果等，而不是直接从一个个算法开始学习。

强化学习发展至今，尽管算法已经有成百上千种样式，但实际上从大类来看要掌握的核心算法并不多，大多数算法都只是在核心算法的基础上做了一些较小的改进。举个例子，如图 1-1 所示，我们知道水和咖啡豆通过一定的方法就能调制成咖啡，水加上糖块就能变成糖水，它们虽然看起来形式不同，但本质上都是饮品，只是有不同的口味而已。

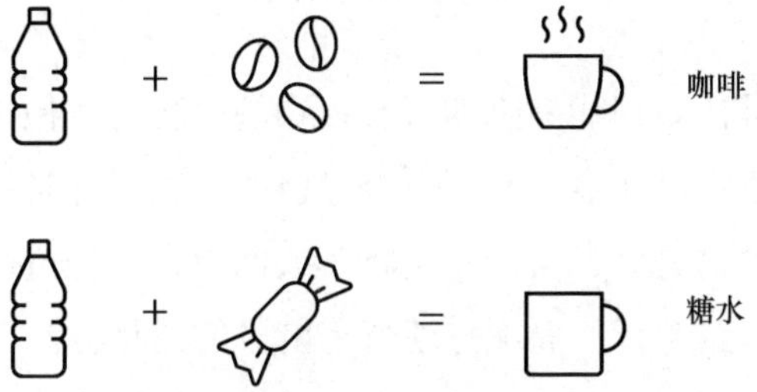

图 1-1　咖啡与糖水的示例

1.1 为什么要学习强化学习？

我们先讨论一下为什么要学习强化学习，以及强化学习对于我们的意义。可能大部分读者都是通过人工智能才了解到强化学习的，但实际上早在我们认识人工智能之前可能就已经不知不觉地接触到了强化学习。

笔者想起了初中生物课本中关于蚯蚓的一个实验，其内容大致是这样的：如图 1-2 所示，将蚯蚓放在一个盒子中，盒子中间有一个分岔路口，路的尽头分别放有食物和电极，让蚯蚓自己爬行到其中一条路的尽头，在放有食物的路的尽头蚯蚓会品尝到美味的食物，而在放有电极的路的尽头则会遭到轻微的电击。

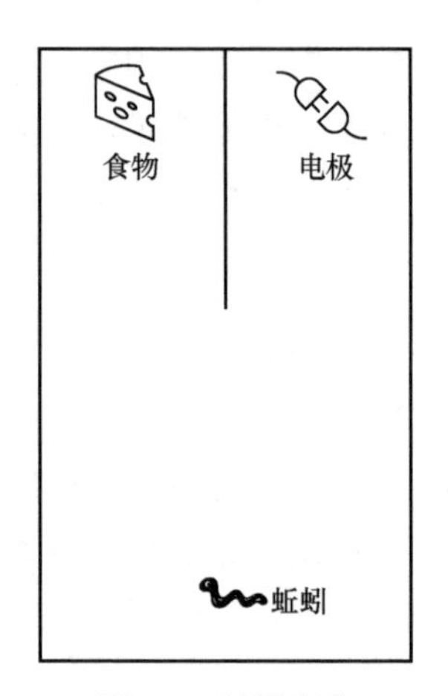

图 1-2　蚯蚓实验

该实验的目的是让蚯蚓能一直朝着有食物的路爬行，但由于蚯蚓没有真正的眼睛，因此一开始蚯蚓可能会一直朝着有电极的路爬行并且遭到电击。每次蚯蚓遭到电击或者吃到食物之后，实验者会将其放回原处，经过多次实验，蚯蚓会逐渐学会朝着有食物的路爬行，而不是朝着有电极的路爬行。

在这个过程中，蚯蚓在不断地尝试和试错中学习到了正确的策略。虽然初中生物课本中这个实验的目的是说明蚯蚓的运动是由外界刺激所驱动的，而不是蚯蚓自身的意志所驱动的，但在今天，从人工智能的角度来看，这其实带有较为鲜明的强化学习的“味道”，即试错学习（trial and error learning）。

试错学习一开始是和行为心理学等工作联系在一起的，主要包括以下几个关键部分。

- 尝试：采取一系列动作或行为来尝试解决问题或实现目标。
- 错误：在尝试的过程中可能会出现错误，这些错误可能是环境的不确定性导致的，也可能是自身的不当行为导致的。
- 结果：每次尝试的结果，无论是积极的还是消极的，都会对下一次尝试产生影响。
- 学习：通过不断地尝试并出现错误，自身会逐渐积累经验，了解哪些动作或行为会产生有利的结果，从而在下一次尝试中做出更加明智的选择。

试错学习在我们的日常生活中屡见不鲜，并且通常与其他形式的学习形成对比，例如经典条件反射（巴甫洛夫条件反射）和观察学习（通过观察他人来学习）。注意，试错学习虽然是强化学习中最鲜明的要素之一，但并不是强化学习的全部，强化学习还包含其他的学习形式，例如观察学习（对应模仿学习、离线强化学习等技术）。

另外，在学习过程中个人做出的每一次尝试都是一次**决策**（decision），每一次决策都会带来相应的结果。这个结果可能是好的，也可能是坏的；可能是即时的，比如我们吃到棉花糖就能立刻感受到它的甜，也可能是延时的，比如寒窗苦读十年之后，方得“一日看尽长安花”。

我们把好的结果称为奖励（reward），坏的结果称为惩罚（punishment）或者负的奖励。最终通过一次次的决策来实现目标，这个目标通常是以最大化累积的奖励来呈现的，这个过程就是**序列决策**（sequential decision making）过程，而强化学习就是解决序列决策问题的有效方法之一，即本书的主题。换句话说，对于任意问题，只要能够将其建模成序列决策问题或者带有鲜明的试错学习特征，就可以使用强化学习来解决，并且这是截至目前最为高效的方法之一，这就是要学习强化学习的原因。

1.2　强化学习的应用

从 1.1 节中我们了解了强化学习大概是用来做什么的，那么它能实现什么样的效果呢？本节我们就来看看强化学习的一些实际应用。强化学习的应用场景非常广泛，其中最为典型的场景之一就是游戏，以 AlphaGo 为代表的围棋 AI 就是强化学习的代表作之一，也是其为人们广泛熟知的得意之作。除了部分棋类游戏，以 AlphaStar 为代表的《星际争霸》AI、以 AlphaZero 为代表的通用游戏 AI，以及以近年的 OpenAI Five 为代表的 *Dota 2* AI，这些都是强化学习在游戏领域的典型应用。

除了游戏领域之外，强化学习在机器人抓取（robot manipulation）领域也有所应用。举个例子，图 1-3 演示了 Nico 机器人学习抓取任务。该任务的目标是将桌面上的物体抓取到指定的位置，机器人通过每次输出相应关节的参数来活动手臂，然后通过摄像头观测当前的状态，最后通过人为设置的奖励（例如接近目标就给奖励）来学习到正确的抓取策略。

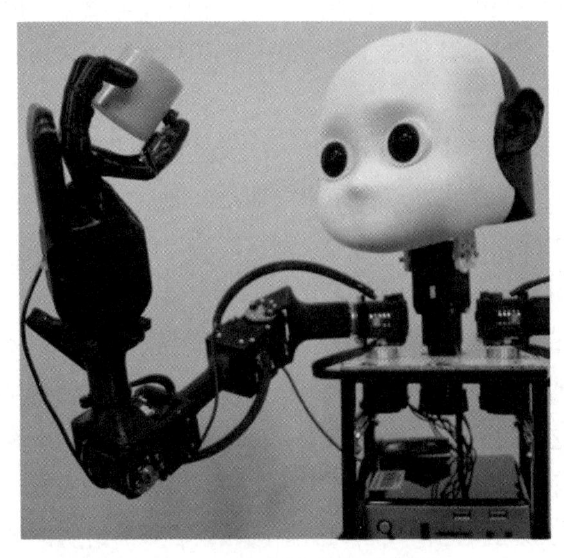

图 1-3　Nico 机器人学习抓取任务

不同于游戏领域，在机器人抓取领域中实现强化学习的成本往往较为高昂，一方面是观测环境的状态需要大量的传感器，另一方面则是试错学习带来的实验成本较高，在训练过程中如果机器人决策稍有失误就有可能导致设备损坏，因此在实际应用中往往需要结合其他的方法来辅助强化学习进行决策。其中最典型的方法之一就是建立仿真环境，通过仿真环境来模拟真实环境，这样就可以大大降低实验成本。

如图 1-4 所示，该仿真环境模拟了真实的机器人抓取任务的环境。通过仿真环境免去大量视觉传感器的搭建过程，从而可以大大降低实验成本，同时由于仿真环境中机器人关节响应速度更快，进而算法的迭代速度更快，可以更快地得到较好的策略。

图 1-4　机器人抓取任务的仿真环境

当然，仿真环境也并不是万能的，因为仿真环境和真实环境之间往往存在一定的差异，这就需要我们在设计仿真环境的时候尽可能全面地考虑到真实环境的各种因素，这是一个非常重要的研究方向。除了简单的抓取任务之外，研究者们还在探索将强化学习应用于更加复杂的机器人任务，例如仓储搬运、机器人足球以及自动驾驶等。

除了游戏和机器人抓取领域之外，强化学习在金融领域也有所应用，例如股票交易、期货交易、外汇交易等。在股票交易中，我们的目标是通过买卖股票来最大化我们的资产。在这个过程中，我们需要不断地观测当前的股票价格，然后根据当前的价格来决定买入或卖出股票的数量，最后通过股票价格的变化来更新我们的资产。在这个过程中，我们的资产会随着股票价格的变化而变化，这就是奖励或惩罚，每次的买卖就是决策。当然，强化学习的应用还远远不止如此，例如自动驾驶、推荐系统、交通派单、广告投放以及近年来大火的 ChatGPT 等，这些都是强化学习的典型应用。

1.3 强化学习方向概述

强化学习不仅应用十分广泛，而且从技术角度来讲其方向也非常多。在学习基础的强化学习知识之后，读者可根据自身的兴趣选择相应的方向进行深入学习。本节将对强化学习的一些典型方向进行简要介绍，以便读者能够对强化学习有更加全面的认识，为后续的学习做好铺垫。强化学习的典型方向主要如下。

1.3.1 多智能体强化学习

顾名思义，多智能体强化学习就是在多个智能体的环境下进行强化学习。与单智能体环境不同，在多智能体环境中通常存在非静态问题，即环境的状态不仅由单个智能体的动作决定，还受到其他智能体的动作的影响。例如在 AlphaStar 中，每个智能体都是《星际争霸》中的一个玩家，每个玩家都有自己的目标，例如攻击对方的基地或者防守自己的基地，这就导致环境的状态不仅由玩家自己的动作决定，还受到其他玩家的动作的影响。

此外，在多智能体环境中还存在信号问题，即智能体之间可能需要进行通信以实现合作或竞争，如何高效地通信并从信号中学习是一个难题。同时，存在信誉分配问题，在多智能体的合作任务中，确定每个智能体对于整体目标的贡献（或责任）是一个挑战。多智能体环境通常也存在复杂的博弈场景，对于此类研究，研究者们通常会引入博弈论来找到环境中的纳什均衡或其他均衡策略，但这同样是一个复杂的挑战。

1.3.2 模仿学习和逆强化学习

模仿学习（imitation learning，IL）是指在奖励函数难以明确定义或者策略本身就很难学习的情况下，通过模仿人类的行为来学习到一个较好的策略。最典型的模仿策略之一就是行为克隆（behavioral cloning，BC），即将每一个状态 - 动作对视为一个训练样本，并使用监督学习的方法（如神经网络）来学习一个策略。但这种方法容易受到分布漂移（distribution shift）的影响，即智能体可能会遇到从未见过的状态，从而导致策略出错。

逆强化学习（inverse reinforcement learning，IRL）即通过观察人类的行为来学习到一个奖励函数，然后通过强化学习来学习一个策略。由于需要专家数据，逆强化学习会受到噪声的影响，因此如何从噪声数据中学习到一个较好的奖励函数也是一个难题。

1.3.3　探索策略

在强化学习中，探索策略（exploration strategy）是一个非常重要的问题，即如何在探索和利用之间进行权衡。在探索的过程中，智能体会尝试一些未知的动作，从而可能获得更多的奖励，但同时可能会受到较多的惩罚。而在利用的过程中，智能体会选择已知的动作，从而可能获得较少的奖励，但同时可能会受到较少的惩罚。因此，如何在探索和利用之间进行权衡是一个非常重要的问题。目前比较常用的方法有 ε-greedy（ε 贪心）和上置信界（upper confidence bound，UCB）等。

此外，提高探索效率的目的是避免局部最优问题，从而增强智能体的鲁棒性。近年来，有研究结合进化算法来提高探索效率，例如 NEAT（neuro evolution of augmenting topologies，增强拓扑的神经进化）和 PBT（population based training，基于种群的训练）等算法，当然这些算法在提高探索效率的同时会带来一定的计算成本。

1.3.4　实时环境

实时环境（real-time environment）是指在实际应用中，智能体往往需要在实时或者在线环境中进行决策。在这种情况下训练不仅会降低效率（实时环境中响应动作更慢），还会带来安全隐患（训练过程中可能会出现意外）。

解决这一问题的方法之一就是离线强化学习（offline reinforcement learning），即在离线环境中进行训练，然后将训练好的模型部署到在线环境中进行决策。但这种方法也存在一定的问题，例如离线环境和在线环境之间可能存在分布漂移，即两个环境的状态分布不同，这就会导致训练好的模型在在线环境中可能会出现意外。

另外还有一种近两年比较流行的方法——世界模型（world model），即在离线环境中训练一个世界模型，然后将世界模型部署到在线环境中进行决策。世界模型的思路是将环境分为两个部分，一个部分是世界模型，另一个部分是控制器。世界模型的作用是预测下一个状态，而控制器的作用是根据当前的状态来决策动作。这样就可以在离线环境中训练世界模型，然后将世界模型部署到在线环境中进行决策，从而避免了在线环境中的训练过程，提高了效率，同时避免了在线环境中的安全隐患。

但世界模型也存在一定的问题，例如世界模型的预测误差会导致控制器的决策出错，因此如何提高世界模型的预测精度也是一个难题。

1.3.5 多任务强化学习

多任务强化学习（multi-task reinforcement learning）在深度学习中也较为常见，在实际应用中，智能体往往需要同时完成多个任务，例如机器人需要同时完成抓取、搬运、放置等任务，而不是单一的抓取任务。在这种情况下，如何在多个任务之间进行权衡是一个难题。

目前解决该问题比较常用的方法有联合训练（joint training）和分层强化学习（hierarchical reinforcement learning）等。联合训练的思路是将多个任务的奖励进行加权求和，然后通过强化学习来学习一个策略。分层强化学习的思路是将多个任务分为两个层次，一个是高层策略，另一个是低层策略。高层策略的作用是决策当前的任务，而低层策略的作用是决策当前任务的动作。这样就可以通过强化学习来学习高层策略和低层策略，从而解决多任务强化学习的问题。

但分层强化学习也存在一定的问题，例如高层策略的决策可能会导致低层策略的决策出错，因此如何提高高层策略的决策精度也是一个难题。

1.4 学习本书之前的一些准备

我们先介绍一下关于本书出版的初衷。其实目前强化学习相关的图书在市面上已经琳琅满目了，但是其中很多偏向理论阐述，缺少实际的经验总结，比如可能会通过数学推导来告诉读者某某算法是可行的，但是一些实验细节和不同算法之间的对比很难体现出来，理论与实践之间、公式与代码之间其实存在一定的“鸿沟”。

另外，由于信息时代知识的高速迭代，面对海量的信息，我们需要从中梳理出重点并快速学习，以便尽快看到实际应用的效果，而这就不得不需要经验丰富的老师傅来“带路”，这也是本书出版的初衷之一。笔者会基于大量的强化学习实践经验，对理论部分删繁就简，并将其与实践紧密结合，以更通俗易懂的方式帮助读者快速实践。

在具体学习本书之前，先给读者做一些基础知识的铺垫。

- 强化学习是机器学习的一个分支，因此读者需要具备一定的机器学习基础，例如具备基本的线性代数、概率论、数理统计等基础知识。当然只需要读者修过相关的大学课程即可，不必刻意回顾一些知识，原理部分可跟随本书的推导学习。
- 学习强化学习初期是不涉及深度神经网络相关的知识的，这一部分通常称为传统强化学习部分。虽然这部分的算法在今天已经不常用，但是其中蕴含的一些思想和技巧是非常重要的，因此读者需要对这部分内容有所了解。在学习结合深度学习的深度强化学习部分之前，本书会用一章来帮助读者整理需要的深度学习知识。

深度学习在强化学习中的主要作用是提供强大的函数拟合能力，使得智能体能够适应复杂、高维度和非线性的环境。深度学习与强化学习之间的关系相当于眼睛和大脑的关系，眼睛是帮助大脑决策、更好地观测世界的工具，一些没有眼睛的动物，例如蚯蚓，也可以通过其他的感官来观测并解析状态。再如，同样的大脑决策水平的情况下，即相同的强化学习算法条件下，正常人要比双目失明的人做日常的决策方便。但是，即使深度学习部分是相同的，例如正常大人和小孩都能通过眼睛观测世界，大脑决策水平的差异也会让两者的表现有所差异。

总而言之，深度学习与强化学习在复杂的环境下缺一不可。虽然强化学习算法很多，但基本分为两类，即基于价值的算法和基于策略的算法。这两类算法各有优势，请读者在学习之后根据实际需要谨慎选择。

第 2 章　马尔可夫决策过程

在第 1 章中我们了解到强化学习是解决序列决策问题的有效方法之一，而序列决策问题的本质是在与环境交互的过程中学习到一个目标的过程。在本章中，我们将介绍强化学习中基本的问题模型，即马尔可夫决策过程（Markov decision process，MDP），它能够以数学的形式来表达序列决策过程。注意，从本章开始会涉及理论公式推导，建议读者在阅读之前先回顾一下概率论相关知识，尤其是条件概率、全概率期望公式等。

2.1　马尔可夫决策过程

马尔可夫决策过程是强化学习的基本问题模型之一，它能够以数学的形式来描述智能体在与环境交互的过程中学习到一个目标的过程。这里智能体充当的是做出决策或动作，并且在交互过程中学习的角色，环境指的是与智能体交互的一切外在事物，不包括智能体本身。

比如我们要学习弹钢琴，在这个过程中充当决策者和学习者的我们就是智能体，而我们的交互主体（钢琴）就是环境。当我们执行动作（弹钢琴）的时候会观测到一些信息，例如琴键的位置等，这就是状态。此外，当我们弹钢琴的时候会听到钢琴发出的声音，这就是反馈，我们通过钢琴发出的声音来判断自己弹得好不好，如果不好则反思并纠正下一次弹的动作。当然，如果这时候有一位钢琴老师在旁边指导我们，那么钢琴和老师就同时组成了环境，我们也可以在交互过程中接收老师的反馈来提高自己的弹钢琴水平。

图 2-1 描述了马尔可夫决策过程中智能体与环境的交互过程。智能体每一时刻都会接收环境的状态，并执行动作，进而接收到环境反馈的奖励信号和下一时刻的状态。

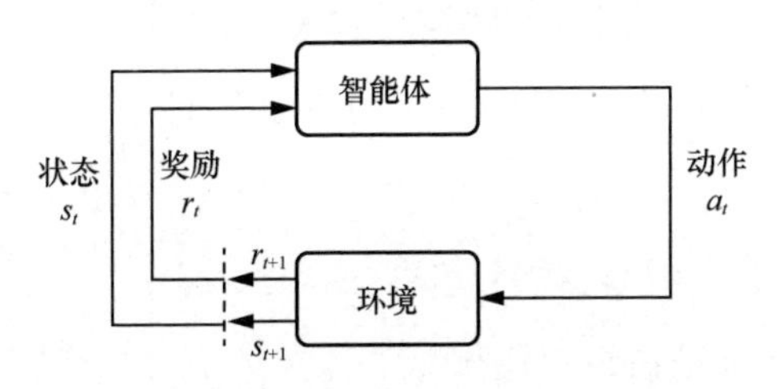

图 2-1　马尔可夫决策过程中智能体与环境的交互过程

确切地说，智能体与环境之间是在一系列离散的时步（time step）① 的基础上交互的，时步一般用 t 来表示，$t = 0,1,2,\cdots,T$ ②。在每个时步 t，智能体会观测或者接收到当前环境的状态 s_t，根据状态 s_t 执行动作 a_t。执行完动作之后会收到奖励 r_{t+1} ③，同时环境也会受到动作 a_t 的影响产生新的状态 s_{t+1}，并且在 $t+1$ 时步被智能体观测到。如此循环下去，我们就可以在这个交互过程中得到一串轨迹（trajectory），可表示为：

$$s_0, a_0, r_1, s_1, a_1, r_2, \cdots, s_t, a_t, r_{t+1}, \cdots$$

其中奖励 r_{t+1} 就相当于我们学习弹钢琴时收到的反馈，我们弹对了会受到老师的表扬，这相当于奖励；弹错了可能会受到老师的批评，这相当于惩罚。前面讲到马尔可夫决策过程可以描述智能体在交互过程中学到一个目标的过程，而这个目标通常是以最大化累积的奖励来呈现的。换句话说，我们的目标是使得在交互过程中得到的奖励之和 $r_1 + r_2 + \cdots + r_T$ 尽可能大，其中 T 表示当前交互过程中的最后一个时步，也就是最大步数，从 $t = 0$ 到 $t = T$ 的这一段时步我们称为一个回合

---

① 有些方法可以扩展到连续时间的情况，但为了方便，我们尽量只考虑离散时步的情况。

② 注意，这里的 $t = 0$ 和 $t = 1$ 之间的时间长短是跟现实时间无关的，它取决于智能体每次交互并获得反馈所需要的时间，比如在弹钢琴的例子中，我们是能够实时接收到反馈的，但是如果我们的目标是考试拿高分的时候，每次考完试我们一般是不能立刻接收到反馈（即获得考试分数）的，这种情况下 $t = 0$ 和 $t = 1$ 之间会显得特别漫长。

③ 这里奖励表示成 r_{t+1} 而不是 r_t，是因为此时的奖励是由动作 a_t 和状态 s_t 来决定的，也就是执行完动作之后才能收到奖励，因此强调是下一个时步的奖励。

（episode），比如游戏中的一局。

2.2 马尔可夫性质

现在我们介绍马尔可夫决策过程的一个前提，即马尔可夫性质，它用公式表示如下：

$$P(s_{t+1}|s_t) = P(s_{t+1}|s_0, s_1, \cdots, s_t) \tag{2.1}$$

这个公式的意思就是在给定历史状态$s_0, s_1, \cdots, s_t$的情况下，某个状态的未来只与当前状态s_t有关，与历史状态无关。这个性质对于很多问题来说有着非常重要的指导意义，因为这允许我们在没有考虑系统完整历史的情况下预测和控制其行为，随着我们对强化学习的深入，我们会越来越明白这个性质的重要性。

实际中，有很多例子其实是不符合马尔可夫性质的，比如我们所熟知的棋类游戏，因为我们在决策的过程中不仅需要考虑当前棋子的位置和对手的情况，还需要考虑历史走子的位置等。换句话说，棋类游戏不仅依赖于当前状态，还依赖于历史状态。当然这并不意味着完全不能用强化学习来解决以上问题，实际上我们可以用深度神经网络来表示当前的棋局，并用蒙特卡罗搜索树等技术来模拟玩家的策略和未来可能的状态，以构建新的决策模型，这就是著名的 AlphaGo 背后的算法①。总之，当我们要解决的问题不能严格符合马尔可夫性质时，可以结合其他的方法来辅助强化学习进行决策。

2.3 回报

前面讲到在马尔可夫决策过程中智能体的目标是以最大化累积的奖励呈现的，通常我们把这个累积的奖励称为回报（return），用G_t表示，最简单的回报公式可以写成：

$$G_t = r_1 + r_2 + \cdots + r_T \tag{2.2}$$

---

① BABBAR S. Review-Mastering the game of Go with deep neural networks and tree search[J]. 2017. DOI:10.13140/RG.2.2.18893.74727.

其中T在前面提到过，表示最后一个时步，也就是每回合的最大步数。这个公式其实只适用于有限步数的情况，例如玩一局游戏，无论输赢，每回合总是会在有限的步数内以一个特殊的状态结束，这样的状态称为终止状态。但有一些情况是没有终止状态的，换句话说，智能体会持续与环境交互，比如人造卫星在发射出去后会一直在外太空作业直到报废或者被回收，这样的任务称为持续性任务。对于持续性任务，上面的回报公式是有问题的，因为此时$T=\infty$。

为了解决这个问题，我们引入一个折扣因子（discount factor），将其记为γ，并将回报公式表示为：

$$G_t = r_{t+1} + \gamma r_{t+2} + \gamma^2 r_{t+3} + \cdots = \sum_{k=0}^{\infty} \gamma^k r_{t+k+1} \tag{2.3}$$

其中γ的取值范围为 0 ~ 1，它表示未来奖励的重要程度，以进行当前奖励和未来奖励之间的权衡。换句话说，它体现了我们对长远目标的关注度。当$\gamma=0$时，表示我们只关心当前奖励，而不会关心未来的任何奖励。而当γ接近1时，表示我们对所有未来奖励都给予较高的关注度。这样做的好处是让当前时步的回报G_t与下一个时步的回报G_{t+1}有所关联，即式(2.4)：

$$\begin{aligned} G_t &= r_{t+1} + \gamma r_{t+2} + \gamma^2 r_{t+3} + \gamma^3 r_{t+4} + \cdots \\ &= r_{t+1} + \gamma (r_{t+2} + \gamma r_{t+3} + \gamma^2 r_{t+4} + \cdots) \\ &= r_{t+1} + \gamma G_{t+1} \end{aligned} \tag{2.4}$$

这对于所有$t<T$都是存在的，在后面我们学习贝尔曼方程的时候会明白它的重要性。

2.4　状态转移矩阵

截至目前，我们讲的都是有限状态马尔可夫决策过程（finite MDP），它的状态数必须是有限的（无论是离散的还是连续的）。如果状态数是无限的，我们通常会使用另一种方式来对问题建模，该方式称为泊松（Poisson）过程。这个过程又被称为连续时间马尔可夫过程，它允许发生无限次事件，每个事件发生的概率较小，但当时间趋近于无穷大时，这些事件以极快的速度发生。虽然泊松过程在某些应用领域中非常有用，但是对于大多数强化学习场景，还是使用有限状态马尔可夫决策过程。

既然状态数是有限的，那我们可以用一种状态流向图来表示智能体与环境交互过程中的走向。举个例子，假设学生正在上课，一般从老师的角度来说学生会有 3 种状态，即认真听讲、玩手机和睡觉，分别用s_1、s_2和s_3表示。注意，这里从老师的角度来说的意思是把老师当作智能体，学生与老师组成环境，而如果把学生当作智能体，那么认真听讲、玩手机和睡觉就只能理解成智能体做出的决策或动作，而不是状态。

这在实际问题中是很常见的，毕竟交互是相互的，强化学习中的环境不是严格意义上的静止环境，它也可以是其他智能体。有时智能体和环境的角色是能相互切换的，只要能各自建模成马尔可夫决策过程即可。比如在竞技游戏中，我方角色可以把对方角色看作环境的一部分，对方角色也可以把我方角色看作环境的一部分，然后各自做出相应的决策或动作。回到我们举的例子，在马尔可夫决策过程中一般所有状态之间都是可以相互切换的，学生在认真听讲时能切换到玩手机或者睡觉的状态，在睡觉时可能继续保持睡觉的状态，也可能醒过来认真听讲或者玩手机。

图 2-2 中每个曲线箭头指向某状态本身，比如当学生在认真听讲（处于状态s_1）时，会有0.2的概率继续认真听讲，当然也会分别有 0.4 和 0.4 的概率玩手机（处于状态s_2）或者睡觉（处于状态s_3）。此外，当学生处于状态s_2时，也会有 0.4 的概率切换到认真听讲的状态s_1。对于这种两种状态之间能互相切换的情况，我们用一条没有箭头的线将两种状态连接起来，可参考无向图的表示。

图 2-2 表示马尔可夫决策过程中的状态流向，这其实跟数字电路中有限状态机的概念类似。从严格意义上来讲，图 2-2 并没有完整地描述出马尔可夫决策过程，因为它没有包含动作、奖励等要素。所以我们一般称之为**马尔可夫链**（Markov chain），又叫作离散时间的马尔可夫过程（Markov process），它跟马尔可夫决策过程一样，都需要满足马尔可夫性质。

我们可以用概率来表示状态之间的切换，比如$P_{12} = P(S_{t+1} = s_2 \mid S_{t+1} = s_1) = 0.4$表示当前时步的状态$s_1$（即认真听讲）在下一个时步切换到$s_2$（即玩手机）的概率，我们把这个概率称为状态转移概率（state transition probability）。拓展到所有状态，它可以表示为式 (2.5)。

$$P_{ss'} = P(S_{t+1} = s'|S_t = s) \tag{2.5}$$

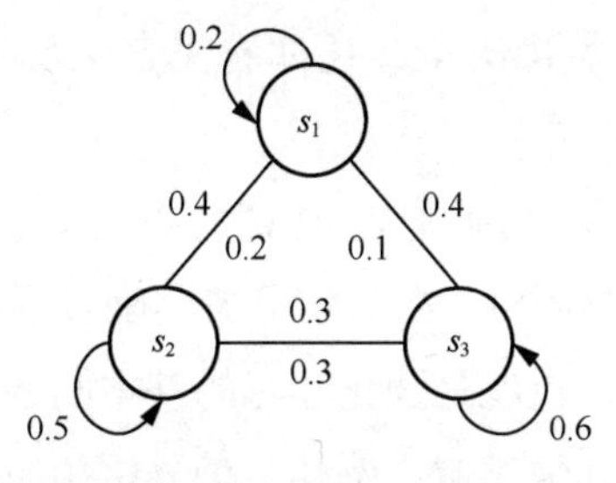

图2-2 马尔可夫链

$P_{ss'}$表示当前状态是s时，下一个状态是s'的概率，其中大写的S表示所有状态的集合，即$S=\{s_1,s_2,s_3\}$。由于状态数是有限的，我们可以把状态转移概率以表格的形式呈现，如表 2-1 所示。

表 2-1 状态转移概率

当前状态	$S_{t+1}=s_1$	$S_{t+1}=s_2$	$S_{t+1}=s_3$
$S_t=s_1$	0.2	0.4	0.4
$S_t=s_2$	0.2	0.5	0.3
$S_t=s_3$	0.1	0.3	0.6

在数学上$P_{ss'}$也可以用矩阵来表示，记作$\boldsymbol{P}_{ss'}$，如式（2.6）所示。

$$\boldsymbol{P}_{ss'} = \begin{pmatrix} 0.2 & 0.4 & 0.4 \\ 0.2 & 0.5 & 0.3 \\ 0.1 & 0.3 & 0.6 \end{pmatrix} \tag{2.6}$$

这个矩阵就叫作状态转移矩阵（state transition matrix），拓展到所有状态，它可表示为式（2.7）。

$$\boldsymbol{P}_{ss'} = \begin{pmatrix} p_{11} & p_{12} & \cdots & p_{1n} \\ p_{21} & p_{22} & \cdots & p_{2n} \\ \vdots & \vdots & & \vdots \\ p_{n1} & p_{n2} & \cdots & p_{nn} \end{pmatrix} \tag{2.7}$$

其中n表示状态数。注意，对于同一个状态，所有状态转移概率的和是等于1的，比如对于状态s_1来说，$p_{11}+p_{12}+\cdots+p_{1n}=1$。还有非常重要的是，状态转移矩阵是环境的一部分，而智能体会根据状态转移矩阵来做出决策。在这个例子中老师是智能体，学生不管是认真听讲、玩手机还是睡觉，老师都是无法决定的，老师只能根据学生的状态做出决策，比如看见学生玩手机就提醒一下上课认真听讲等。

此外，在马尔可夫链的基础上增加奖励要素就会形成马尔可夫奖励过程（Markov reward process，MRP），在马尔可夫奖励过程的基础上增加动作要素就会形成马尔可夫决策过程，也就是强化学习的基本问题模型之一。其中马尔可夫链和马尔可夫奖励过程在其他领域，例如金融分析领域，会应用得比较多，强化学习则重在决策，这里介绍马尔可夫链的例子是为了帮助读者理解状态转移矩阵的概念。

现在我们就可以把马尔可夫决策过程用常用的写法表示，即用一个五元组$\langle S,A,R,P,\gamma\rangle$来表示。其中$S$表示状态空间（即所有状态的集合），$A$表示动作空间，$R$表示奖励函数，$P$表示状态转移概率，$\gamma$表示折扣因子。想必读者此时已经明白这简简单单的 5 个字母蕴含丰富的内容。

2.5 本章小结

本章主要介绍了马尔可夫决策过程的概念，它是强化学习的基本问题模型之一，因此读者需要牢牢掌握它。此外本章拓展了一些重要的概念，包括马尔可夫性质、回报、状态转移矩阵、轨迹、回合等，这些概念在我们后面讲解强化学习算法的时候会频繁使用，请务必牢记。

2.6 练习题

1. 强化学习所解决的问题一定要严格符合马尔可夫性质吗？请举例说明。
2. 马尔可夫决策过程主要包含哪些要素？
3. 本章介绍的马尔可夫决策过程与金融科学中的马尔可夫链有什么区别与联系？

第 3 章　动态规划

前面我们讲到马尔可夫决策过程是强化学习中的基本问题模型之一，而解决马尔可夫决策过程问题的方法我们统称为强化学习算法。本章讲解强化学习中最基础的算法之一：动态规划（dynamic programming，DP）。动态规划其实并不是强化学习领域中独有的算法，它在数学、管理科学、经济学和生物信息学等其他领域都有广泛的应用。

动态规划具体指的是在解决某些复杂问题时，将问题转化为若干个子问题，并在求解每个子问题的过程中保存求解得到的结果，以便后续使用。实际上动态规划更像是一种通用的思想，而不是某个具体算法。在强化学习中，动态规划被用于求解值函数和最优策略。常见的动态规划算法包括价值迭代（value iteration）、策略迭代（policy iteration）和 Q-learning 算法等。

3.1　动态规划的编程思想

动态规划其实是一个看起来好理解但实践起来很复杂的概念，为了帮助读者理解，这里以一道经典的面试编程题作为示例，如图 3-1 所示。

如图 3-1 所示，一个机器人位于一个 $m\times n$ 网格的左上角（即起点）。机器人每次只能向下或者向右移动一格。机器人试图到达网格的右下角（即终点）。我们需要解决的问题是在这个过程中机器人可以有多少条不同的路径到达终点。

这个问题有很多种解法，比如可以直接数出来有多少条不同的路径，但当 m 和 n 很大时这种直接计数法就不适用了。我们讲一讲动态规划的解法，动态规划的解法主要有以下步骤：确定初始和终止状态，写出状态转移方程和寻找边界条件。

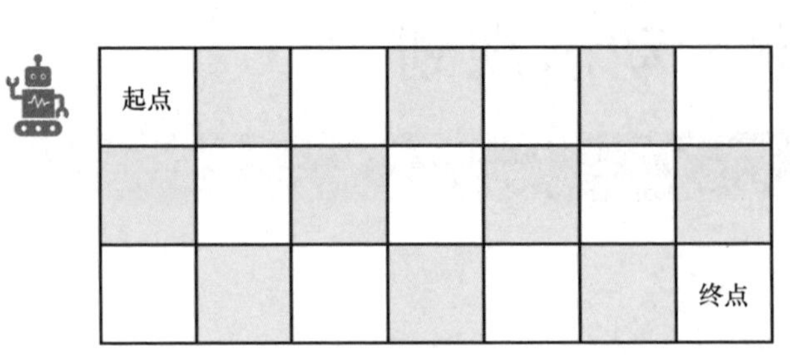

图3-1　路径之和

在这个例子中我们可以先定义一个$f(i,j)$，表示从左上角（即坐标$(0,0)$）到坐标(i,j)的路径数量，其中$i\in[0,m)$，$j\in[0,n)$。由于机器人只能向右或者向下移动，所以当机器人处于(i,j)的位置时，它的前一个坐标只能是上边一格$(i,j-1)$或者左边一格$(i-1,j)$，这样一来就能建立状态之间的关系，如式 (3.1) 所示。

$$f(i,j)=f(i-1,j)+f(i,j-1) \tag{3.1}$$

即走到当前位置(i,j)的路径数量等于走到$(i,j-1)$和$(i-1,j)$的所有路径之和，式 (3.1) 就是状态转移方程。

此外我们还需要考虑一些边界条件，因为在状态转移方程中i和j是不能等于0的，比如i和j都等于0的时候会出现$f(0,0)=f(-1,0)+f(0,-1)$，$f(-1,0)$或者$f(0,-1)$在本例中是没有意义的，因此我们需要额外判断i和j等于 0 的情况。

如图 3-2 所示，我们先考虑$i=0,j=0$的情况，即$f(0,0)$，显然此时机器人在起点，从起点到起点对应的路径数量必然是1；对于$i\neq 0,j=0$，此时机器人会一直沿着网格左边缘往下走，这条路径上的所有$f(i,j)$也都是 1；$i=0,j\neq 0$的情况同理。

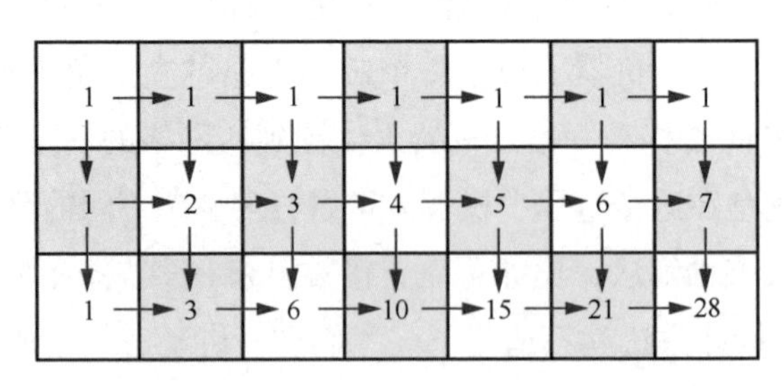

图3-2　路径之和解析

因此以上的状态转移方程可以完善为式 (3.2)。

$$f(i,j)=\begin{cases}0,i=0,j=0\\1,i=0,j\neq 0\\1,i\neq 0,j=0\\f(i-1,j)+f(i,j-1),i\neq 0,j\neq 0\end{cases} \tag{3.2}$$

这样一来我们可以写出代码，如代码清单 3-1 所示。

代码清单 3-1　状态转移

```
def solve(m,n):
# 初始化边界条件
    f = [[1] * n] + [[1] + [0] * (n - 1) for _ in range(m - 1)]
    for i in range(1, m):
        for j in range(1, n):
            f[i][j] = f[i - 1][j] + f[i][j - 1]
    return f[m - 1][n - 1]
```

当$m=7,n=3$时一共有28条不同的路径。

讲到这里读者可能对动态规划的思想的了解还是不够深入，但没有关系，只需要有大概的认知即可。接下来要介绍的是为什么动态规划能够用于解决强化学习问题。其实一般动态规划问题主要有 3 个性质：最优化原理、无后效性和有重叠子问题。其中有重叠子问题不是动态规划问题的必要条件，这里就不展开叙述。无后效性指的是某阶段状态一旦确定，就不受这个状态以后决策的影响。换句话说，某个状态之后的过程不会影响以前的状态，只与当前状态有关，这其实就是前面所说的马尔可夫性质。而最优化原理是指，如果问题的最优解所包含的子问题的解也是最优的，就称该问题具有最优子结构，即满足最优化原理。马尔可夫决策过程的目标是以最大化累积的奖励来呈现的，回顾第 2 章讲到的回报公式，如式 (3.3) 所示。

$$G_t=R_{t+1}+\gamma G_{t+1} \tag{3.3}$$

该式表明当前时步的回报跟下一个时步的回报是有关系的，这跟机器人路径之和中的状态转移方程很像。换句话说，我们可以在不同时步上通过某种方法最大化对应时步的回报来解决马尔可夫决策问题，我们要解决G_{t+1}的问题，可以拆

分成解决 $G_t, G_{t-1}, \cdots, G_1$ 的问题，这其实满足动态规划中的最优化原理。综合以上两点，我们可以利用动态规划的思想来解决强化学习问题，至于具体怎么解决，且看后面讲解的价值迭代（value iteration）和策略迭代（policy iteration）算法。

3.2 状态价值函数和动作价值函数

在讲价值迭代和策略迭代算法之前，我们需要先介绍一些概念。

在马尔可夫决策过程中，每个状态都是有一定的价值的，可以定义为式(3.4)：

$$\begin{aligned} V_\pi(s) &= \mathbb{E}_\pi[R_t + \gamma R_{t+1} + \gamma^2 R_{t+2} + \cdots | S_t = s] \\ &= \mathbb{E}_\pi[G_t | S_t = s] \end{aligned} \tag{3.4}$$

这就是状态价值函数（state-value function），其定义是从特定状态出发，按照某种策略 π 进行决策所能得到的回报期望值，注意这里的回报是带有折扣因子 γ 的。

另外引入动作的要素后会有一个 Q 函数，它也叫作动作价值函数（action-value function），即式(3.5)：

$$Q_\pi(s,a) = \mathbb{E}_\pi[G_t | \ s_t = s, a_t = a] \tag{3.5}$$

不难理解动作价值函数和状态价值函数之间存在关系，如式(3.6)所示。

$$V_\pi(s) = \sum_{a \in A} \pi(a | s) Q_\pi(s,a) \tag{3.6}$$

其中 $\pi(a | s)$ 表示策略函数，一般指在状态 s 下执行动作 a 的概率分布。这个公式的意思就是在给定状态 s 的情况下，智能体所有动作的价值期望（所有动作价值函数乘对应动作的概率之和）就等于该状态的价值，这其实就是利用了概率论中的**全期望公式**。

3.3 贝尔曼方程

类比回报公式 $G_t = R_{t+1} + \gamma G_{t+1}$，也可以对状态价值函数和动作价值函数做类似的推导，如式(3.7)所示。

$$
\begin{aligned}
V_\pi(s) &= \mathbb{E}_\pi[G_t | S_t = s] \\
&= \mathbb{E}_\pi[R_{t+1} + \gamma R_{t+2} + \gamma^2 R_{t+3} + \cdots | S_t = s] \\
&= \mathbb{E}[R_{t+1} | S_t = s] + \gamma \mathbb{E}[R_{t+2} + \gamma R_{t+3} + \gamma^2 R_{t+4} + \cdots | S_t = s] \\
&= R(s) + \gamma \mathbb{E}[G_{t+1} | S_t = s] \\
&= R(s) + \gamma \mathbb{E}[V_\pi(s_{t+1}) | S_t = s] \\
&= R(s) + \gamma \sum_{s' \in S} P(S_{t+1} = s' | S_t = s) V_\pi(s') \\
&= R(s) + \gamma \sum_{s' \in S} p(s' | s) V_\pi(s')
\end{aligned} \tag{3.7}
$$

其中$R(s)$表示奖励函数，$P(S_{t+1} = s' | S_t = s)$就是前面讲的状态转移概率，习惯将其简写成$p(s' | s)$，这就是贝尔曼方程（Bellman equation）。贝尔曼方程的重要意义就在于其满足动态规划的最优化原理，即将前后两个状态联系起来，以便递归地解决问题。

类似地，动作价值函数的贝尔曼方程推导如式 (3.8) 所示。

$$
Q_\pi(s,a) = R(s,a) + \gamma \sum_{s' \in S} p(s' | s,a) \sum_{a' \in A} \pi(a' | s') Q_\pi(s',a') \tag{3.8}
$$

前面我们提到状态价值函数是按照某种策略π进行决策所能得到的累积回报期望，换句话说，在最优策略下，状态价值函数是最优的，相应的动作价值函数也是最优的。我们的目标是使得累积的奖励最大化，那么最优策略下的状态价值函数可以表示为式 (3.9)。

$$
\begin{aligned}
V^*(s) &= \max_a \mathbb{E}[R_{t+1} + \gamma V^*(S_{t+1}) | S_t = s, A_t = a] \\
&= \max_a \sum_{s',r} p(s',r|s,a)[r + \gamma V^*(s')]
\end{aligned} \tag{3.9}
$$

这个公式叫作贝尔曼最优方程（Bellman optimality equation），它对于后面要讲的策略迭代算法具有一定的指导意义。对于动作价值函数，同理，如式 (3.10) 所示。

$$
\begin{aligned}
Q^*(s,a) &= \mathbb{E}[R_{t+1} + \gamma \max_{a'} Q^*(S_{t+1},a') | S_t = s, A_t = a] \\
&= \sum_{s',r} p(s',r | s,a)[r + \gamma \max_{a'} Q^*(s',a')]
\end{aligned} \tag{3.10}
$$

3.4 策略迭代算法

前面提到在最优策略下，对应的状态价值函数和动作价值函数也都是最优的，即$V^*(s)$和$Q^*(s)$是最优的。但是实际求解时，在优化策略的过程中，我们还需要优化状态价值函数和动作价值函数，这其实是一个多目标优化的问题。策略迭代算法的思路分为两个步骤：首先固定策略π不变，估计对应的状态价值函数V，这一步叫作策略估计（policy evaluation）；然后根据估计好的状态价值函数V结合策略推算出动作价值函数Q，并对函数Q进行优化，进一步改进策略，这一步叫作策略改进（policy improvement）。在策略改进的过程中一般是通过贪心策略来优化的，即定义策略函数为式 (3.11)。

$$\pi(a|s) = \max_a Q(s,a) \tag{3.11}$$

在策略改进时选择最大的$Q(s,a)$值来更新。在一轮策略估计和改进之后，又会进入新的一轮策略估计和改进，直到收敛为止。

如图 3-3 所示，图 3-3（a）描述了上面所说的策略估计和改进迭代的步骤，图 3-3（b）则描述了在迭代过程中策略π和状态价值函数V最后会同时收敛到最优。

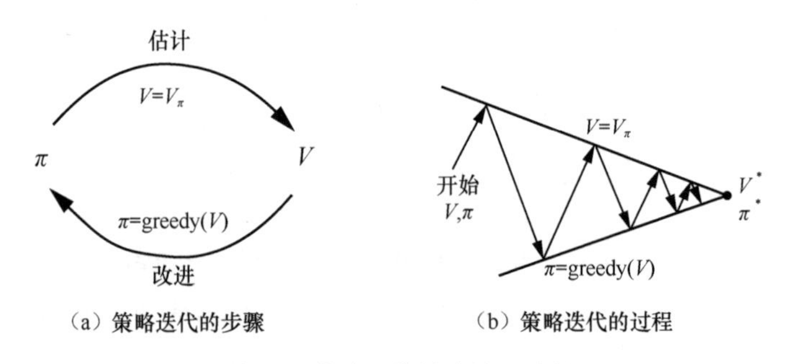

（a）策略迭代的步骤　　（b）策略迭代的过程

图3-3　策略迭代的步骤和过程

策略迭代算法伪代码如图 3-4 所示。

策略迭代算法

1: 初始化状态价值函数 $V(s)$ 和策略 $\pi(s)$
2: **策略估计:**
3: **repeat**
4: $\quad\Delta \leftarrow 0$
5: $\quad$**repeat**
6: $\quad\quad v \leftarrow V(s)$
7: $\quad\quad V(s) \leftarrow \sum_{s',r} p(s',r \mid s,\pi(s))\left[r+\gamma V(s')\right]$
8: $\quad\quad \Delta \leftarrow \max(\Delta,|v-V(s)|)$
9: $\quad$**until** 遍历所有的状态 $s \in S$
10: **until** $\Delta < \theta$
11: **策略改进:**
12: stable_flag $\leftarrow$ true
13: **repeat**
14: $\quad$根据策略 $\pi(a|s)$ 生成动作 a_{temp}
15: $\quad$更新策略：$\pi(a|s) \leftarrow \arg\max_a \sum_{s',r} p(s',r \mid s,a)\left[r+\gamma V(s')\right]$
16: $\quad$**if** $a_{\text{temp}} \neq \pi(a|s)$ **then**
17: $\quad\quad$说明策略还未收敛，stable_flag $\leftarrow$ false
18: $\quad$**end if**
19: **until** 遍历所有的状态 $s \in S$
20: **if** stable_flag $\leftarrow$ true **then**
21: $\quad$结束迭代并返回最优策略 $\pi \approx \pi^*$ 和状态价值函数 $V \approx V^*$
22: **else**
23: $\quad$继续执行策略估计
24: **end if**

图3-4 策略迭代算法伪代码

3.5 价值迭代算法

价值迭代算法相对于策略迭代算法更加直接，它直接根据式 (3.12) 来迭代更新。

$$V(s) \leftarrow \max_{a\in A}\left(R(s,a)+\gamma\sum_{s'\in S}p(s'\mid s,a)V(s')\right) \tag{3.12}$$

价值迭代算法伪代码如图 3-5 所示。

价值迭代算法首先将所有的状态价值函数初始化，然后不停地对每个状态进行迭代，直到收敛到最优价值 V^*，并且根据最优价值推算出最优策略 π^*。这其实更像是动态规划的思路，而不是强化学习的思路。这种情况下，其实价值迭代算法要比策略迭代算法慢得多。虽然两种方法都需要多次遍历，但是策略迭代算法中考虑了中间每个时步可能遇到的最优策略并及时加以改进，这意味着就算策略在早期并不完美（也许需要改进），策略迭代算法仍能够更快地接近最优解。

价值迭代算法

1: 初始化一个很小的参数阈值 $\theta > 0$，以及状态价值函数 $V(s)$，注意终止状态的 $V(s_T) = 0$
2: **repeat**
3: $\quad \Delta \leftarrow 0$
4: $\quad$ **repeat**
5: $\quad\quad v \leftarrow V(s)$
6: $\quad\quad V(s) \leftarrow \max_a \sum_{s',r} p(s', r \mid s, a)\left[r + \gamma V(s')\right]$
7: $\quad\quad \Delta \leftarrow \max(\Delta, |v - V(s)|)$
8: $\quad$ **until** 遍历所有的状态 $s \in S$
9: **until** $\Delta < \theta$
10: 输出一个确定性策略 $\pi \approx \pi^*$，
且 $\pi(s) = \arg\max_a \sum_{s',r} p(s', r \mid s, a)\left[r + \gamma V(s')\right]$

图 3-5　价值迭代算法伪代码

回顾一下策略迭代的收敛过程，如图 3-6 所示，我们知道策略迭代不停地在 V 和 π 这两条线之间"跳变"直到收敛到 V^*。这种"跳变"是几乎不需要花费时间的，它只是 V 与 π 互相推算的过程，通过一个公式就能实现，也就是策略估计和策略改进之间的切换过程。

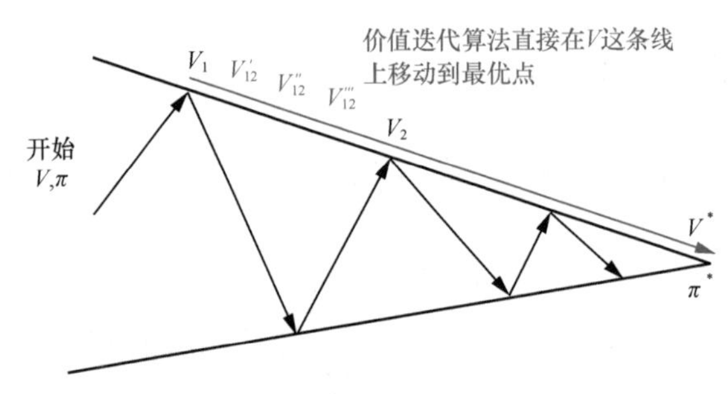

图 3-6　策略迭代与价值迭代收敛过程的区别

而在各自的线上，比如 V 这条线上，从 V_1 到 V_2 是需要更多时间的，这其实就是一个策略估计的过程，需要遍历所有状态，在 π 这条线上同理。而实际上 V_1 到 V_2 之间可能存在更多个点，比如 V'_{12}、V''_{12}、V'''_{12}，每次在这些点之间移动是需要遍历所有的状态的，只是在策略迭代算法中借助了 π 这条线跳过了中间的 V'_{12}、V''_{12}、V'''_{12} 这些点，而价值迭代算法会经过 V 这条线上的所有点，直到最优点，从这个角度来看策略迭代算法是比价值迭代算法更快的。

3.6　本章小结

本章主要讲解了动态规划的思想及其在强化学习上应用的两个算法（策略迭代算法和价值迭代算法），这两种算法虽然目前很少会用到，但是对于推导更复杂的强化学习算法起到了奠定基础的作用，建议掌握它们。此外本章还涉及一些关键的概念，例如状态价值函数和动作价值函数，初学者很容易将两者混淆，且容易忘记它们与策略函数之间的联系，请务必厘清。本章重要的概念还有贝尔曼方程，它对于强化学习算法设计起着非常关键的作用。

另外，在本章的算法中，默认状态转移概率$\sum_{s'\in S}(s'|s,a)$是已知的，但在讲解马尔可夫链时我们提到状态转移概率是环境本身的性质，我们在帮助智能体优化决策的时候大部分情况下是不知道或者说不应该知道它的，这也是策略迭代算法和价值迭代算法在目前很少用到的原因。我们通常会对状态转移概率或者状态（动作）价值函数进行预测估计，具体内容我们在第 4 章再展开。

3.7　练习题

1. 动态规划问题的性质主要有哪些？
2. 状态价值函数和动作价值函数之间的关系是什么？
3. 策略迭代算法和价值迭代算法中哪个算法的收敛速度更快？

第 4 章　免模型预测

本章介绍常见的两种免模型预测方法：**蒙特卡罗**（Monte Carlo，MC）方法和**时序差分**（temporal-difference，TD）方法。在讲解这两个方法之前，我们需要先介绍一些重要的概念，如有模型（model based）与免模型（model free）、预测（predicton）与控制（control）。

4.1　有模型与免模型

在前面，我们其实默认状态转移概率是已知的，这种情况下使用的算法称为**有模型算法**，例如动态规划算法。但大部分情况下，对于智能体来说，环境是未知的，这种情况下的算法就称为**免模型算法**，目前很多经典的强化学习算法都是免模型算法。近年来出现了一些新的强化学习算法，例如 PlaNet、Dreamer 和世界模型等，这些算法利用神经网络和其他机器学习方法建立近似的环境模型，并使用规划和强化学习的方法进行决策，这些算法也都称为有模型算法。

具体来说，有模型算法尝试先学习一个环境模型，它可以是环境的状态（例如，给定一个状态和一个动作，预测下一个状态）或奖励（例如，给定一个状态和一个动作，预测奖励），即前面所讲的状态转移概率和奖励函数。一旦有了环境模型，智能体就可以使用它来生成最佳的策略，例如通过模拟可能的未来状态来预测哪个动作会带来最大的累积奖励。它的优点很明显，即可以在不与真实环境交互的情况下进行学习，因此可以节省实验的成本。但它的缺点是，这种有模型算法往往是不完美的，或者是复杂到难以学习和计算。

而免模型算法则直接学习在特定状态下执行特定动作的价值或优化策略。它直接从与环境的交互中学习，不需要建立任何预测环境状态的模型。其优点是不需要学习可能较为复杂的环境模型，更加简单直接，但是缺点是在学习过程中需要与真实环境进行大量的交互。注意，除了动态规划之外，基础的强化学习算法都是免模型算法。

4.2　预测与控制

前面提到很多基础的强化学习算法都是免模型算法，换句话说，在这种情况下环境的状态转移概率是未知的，这种情况下会通过间接近似状态价值函数来解决问题，我们把这个过程称为**预测**。换句话说，预测的主要目的是估计或计算环境中的某种期望值，比如状态价值函数 $V(s)$ 和动作价值函数 $Q(s,a)$ 的期望值。例如，我们正在玩一个游戏，并想知道如果按照某种策略玩游戏，我们的预期得分会是多少。

而控制的目标则是找到一个最优策略，该策略可以最大化期望的回报。换句话说，不仅要按照某种策略计算预期得分是多少，还要选择动作以最大化这个得分。控制问题通常涉及两个相互交替的步骤：策略估计（使用当前策略估计价值函数）和策略改进（基于当前的价值函数更新策略）。

在实际应用中，预测和控制问题经常交织在一起。例如，在使用 Q-learning 算法（一种免模型的控制算法）时，我们同时进行预测（更新Q值）和控制（基于Q值选择动作）。之所以提到这两个概念，是因为很多时候我们不能一蹴而就地解决好控制问题，而需要先解决预测问题，进而解决控制问题。

4.3　蒙特卡罗方法

蒙特卡罗方法在强化学习中是免模型预测价值函数的方法之一，本质上是一种统计模拟方法，它的发展得益于电子计算机的发明。假设我们需要计算一个不规则图形的面积，通常情况下很难通过规则或者积分的方式得到结果。

而蒙特卡罗采样基于这样的想法：假如我们有一袋豆子，把豆子均匀地朝这个图形上撒，撒到足够多的数量时数一下这个图形中有多少颗豆子，豆子的数目就是图形的面积。当豆子越小、撒得越多的时候，结果就越精确。此时我们借助计算机程序可以生成大量均匀分布的点，然后统计出图形内的点数，通过它们占总点数的比例和点生成范围的面积就可以求出图形面积。

那么在强化学习中蒙特卡罗方法是怎么预测状态价值函数$V_\pi(s)$的呢？我们回顾$V_\pi(s)$的定义公式，如式 (4.1) 所示。

$$\begin{aligned} V_\pi(s) &= \mathbb{E}_\pi[R_{t+1}+\gamma R_{t+2}+\gamma^2 R_{t+3}+\cdots|S_t=s] \\ &= \mathbb{E}_\pi\left[G_t|S_t=s\right] \end{aligned} \tag{4.1}$$

由于这里的奖励函数R是环境给智能体的，γ则是设置的参数，因此$V_\pi(s)$是可以手动计算出来的。假设需要解决机器人在一个$m\times n$的网格中的最短路径的问题，即从起点到终点走哪条路最短。在这种情况下，我们如果想要知道某个网格（即某个状态）代表的价值，那么我们可以从这个网格出发，搜集到其他所有网格之间可能的轨迹。

出于简化计算的考虑，我们使用一个2×2的网格，如图 4-1 所示，我们用机器人的位置表示不同的状态，即s_1,s_2,s_3,s_4，规定机器人向右和向下走分别用a_1和a_2表示。起点坐标为$(0,0)$，即初始状态为$S_0=s_1$，终点为右下角的网格s_4，我们设置机器人每走一格接收到的奖励为-1，折扣因子$\gamma=0.9$。

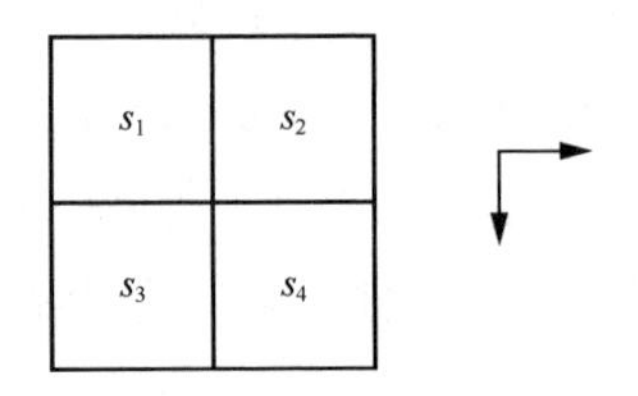

图4-1　2×2网格示例

如果要计算s_1的价值$V(s_1)$，我们先搜集到其他状态的所有轨迹，比如s_1到s_2的轨迹是$\{s_1,a_1,r(s_1,a_1),s_2\}$，即从$s_1$开始，执行动作$a_1$向右走到达$s_2$。这条轨迹记为$\tau_1$，对应的回报为$G_{\tau_1}=r(s_1,a_1)=-1$，**注意这里的下标不代表时步**。

同理，s_1到s_3的轨迹τ_2为$\{s_1,a_2,r(s_1,a_2),s_3\}$，对应的回报为$G_{\tau_2}=r(s_1,a_2)=-1$。$s_1$到状态$s_4$的轨迹有两条，分别是$\tau_3=\{s_1,a_1,r(s_1,a_1),s_2,a_2,r(s_2,a_2),s_4\}$和

$\tau_4 = \{s_1, a_2, r(s_1, a_2), s_3, a_1, r(s_3, a_1), s_4\}$，对应的回报分别为 $G_{\tau_3} = r(s_1, a_1) + \gamma r(s_2, a_2) = (-1) + 0.9 \times (-1) = -1.9$、$G_{\tau_4} = r(s_1, a_2) + \gamma r(s_3, a_1) = (-1) + 0.9 \times (-1) = -1.9$。这样我们就能得到式 (4.2)。

$$V(s_1) = (G_{\tau_1} + G_{\tau_2} + G_{\tau_3} + G_{\tau_4}) / 4 = -5.8 / 4 = -1.45 \tag{4.2}$$

同样可以计算出其他状态对应的价值函数的值，$V(s_2) = V(s_3) = -1$；由于 s_4 是终止状态，因此 $V(s_4) = 0$。这样就得到了所有状态的价值函数分布，如图 4-2 所示。

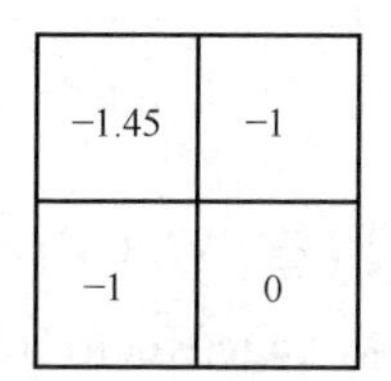

图4-2　价值函数分布

对于状态数更多的情况，直接按照上述的方式计算价值函数是不现实的。蒙特卡罗方法的思路是采样大量的轨迹，对于每个轨迹计算对应状态的回报然后取平均近似值，这称为经验平均回报（empirical mean return）。根据大数定律，只要采样的轨迹数量足够多，计算出的经验平均回报就能趋近于实际的状态价值函数。当然，蒙特卡罗方法有一定的局限性，即它只适用于有终止状态的马尔可夫决策过程。

蒙特卡罗方法主要分成两种算法，一种是首次访问蒙特卡罗（first-visit Monte Carlo，FVMC）方法，另一种是每次访问蒙特卡罗（every-visit Monte Carlo，EVMC）方法。FVMC 方法主要包含两个步骤，首先产生一个回合的完整轨迹，然后遍历轨迹计算每个状态的回报。注意，只在第一次遍历到某个状态时会记录并计算对应的回报，FVMC 方法伪代码如图 4-3 所示。

在 EVMC 方法中不会忽略同一状态的多个回报。在前面的示例中，我们计算价值函数的方式就是 EVMC 方法，比如对于状态 s_4，我们考虑了所有轨迹（即 G_{τ_3} 和 G_{τ_4}）的回报，而在 FVMC 方法中我们只会记录首次遍历的回报，即 G_{τ_3} 和 G_{τ_4} 其中的一个，具体取决于遍历到 s_4 时对应的轨迹是哪一条。

FVMC方法

1: 初始化价值函数 $V(s)$，一个空的回报列表 $\mathrm{Returns}(s_t)$
2: **for** 回合数 $= 1, M$ **do**
3: 根据策略 π 采样一个回合的轨迹 $\tau = \{s_0, a_0, r_1, \cdots, s_{T-1}, a_{T-1}, r_T\}$
4: 初始化回报 $G \leftarrow 0$
5: **for** 时步 $t = T-1, T-2, \cdots, 0$ **do**
6: $G \leftarrow \gamma G + R_{t+1}$
7: **repeat**
8: 将 G 添加到 $\mathrm{Returns}(s_t)$
9: $V(S_t) \leftarrow \mathrm{average}(\mathrm{Returns}(S_t))$
10: **until** s_t 第二次出现，即与历史某个状态 $s_0, \cdots, s_{t-1}$ 相同
11: **end for**
12: **end for**

图4-3 FVMC方法伪代码

实际上无论是 FVMC 方法还是 EVMC 方法，在实际更新价值函数的时候是不会像伪代码中 $V(S_t) \leftarrow \mathrm{average}(\mathrm{Returns}(S_t))$ 那样，每次计算新的回报 $G_t = \mathrm{average}(\mathrm{Returns}(S_t))$ 并直接赋给已有的价值函数，而是以一种递进更新的方式进行的，如式 (4.3) 所示。

$$新的估计值 \leftarrow 旧的估计值 + 步长 \times (目标值 - 旧的估计值) \tag{4.3}$$

这样的好处就是不会因为个别不好的样本而导致更新的急剧变化，从而导致学习的不稳定。这种模式在今天的深度学习中普遍可见，这里的步长就是深度学习中的学习率。

对应地，在蒙特卡罗方法中，更新公式可表示为式 (4.4)。

$$V(s_t) \leftarrow V(s_t) + \alpha[G_t - V(s_t)] \tag{4.4}$$

其中 α 表示学习率。目标值与估计值之间的误差（error）为 $G_t - V(S_{t+1})$。

此外，FVMC 方法是一种基于回合的增量式方法，具有无偏性和收敛快的优点，但是在状态空间较大的情况下，依然需要训练很多个回合才能达到稳定的效果。而 EVMC 方法则是更为精确的预测方法，但是计算的成本也更高。

4.4 时序差分方法

时序差分方法是一种基于经验的动态规划方法，它结合了蒙特卡罗和动态规

划的思想。最简单的时序差分可以表示为式 (4.5)。

$$V(s_t) \leftarrow V(s_t) + \alpha[r_{t+1} + \gamma V(s_{t+1}) - V(s_t)] \tag{4.5}$$

这一般称为**单步时序差分**（one-step TD），即TD(0)。可以看到，在这个时序差分方法中使用了当前奖励和后继状态的估计，这是类似于蒙特卡罗方法的；同时利用了贝尔曼方程的思想，将下一状态的价值函数作为现有状态的价值函数的一部分来更新现有状态的价值函数。

此外，时序差分估计还结合了自举（bootstrap）的思想，未来状态的价值是通过现有的估计 $r_{t+1} + \gamma V(s_{t+1})$（也叫作**时序差分目标**）进行计算的，即使用一个状态的估计值来更新该状态的实际值，没有再利用后续状态信息的计算方法。这种方法的好处在于可以将问题分解成只涉及一步的预测，从而简化计算。此外，$\delta = r_{t+1} + \gamma V(s_{t+1}) - V(s_t)$被定义为**时序差分误差**（TD error）。

但有一点需要注意，由于基于时步学习，并且终止状态没有下一步，比如当$V(s_t)$是终止状态时，$\gamma V(s_{t+1})$是没有意义的，因此时序差分方法在实践过程中会对终止状态单独做判断，即将对应未来状态的估计值设置为 0，然后更新当前状态的估计值，这个过程也被称作**回溯**，如式 (4.6) 所示，后面所有基于时序差分的方法都会进行这样的判断。

$$\begin{cases} V(s_t) \leftarrow V(s_t) + \alpha[r_{t+1} - V(s_t)], & \text{对于终止状态} V(s_t) \\ V(s_t) \leftarrow V(s_t) + \alpha[r_{t+1} + \gamma V(s_{t+1}) - V(s_t)], & \text{对于非终止状态} V(s_t) \end{cases} \tag{4.6}$$

4.5 时序差分方法和蒙特卡罗方法的差异

结合图 4-4 总结时序差分方法和蒙特卡罗方法之间的差异。

- 时序差分方法可以在线学习（online learning），每走一步就可以更新，效率高。蒙特卡罗方法必须等游戏结束时才可以学习。
- 时序差分方法可以从不完整序列中进行学习。蒙特卡罗方法只能从完整的序列中进行学习。
- 时序差分方法可以在连续的环境（没有终止状态）下进行学习。蒙特卡罗方法只能在有终止状态的环境下学习。
- 时序差分方法利用了马尔可夫性质，在马尔可夫环境下有更高的学习效率。蒙特卡罗方法没有假设环境具有马尔可夫性质，利用采样的价值来估计某个状态的价值，在非马尔可夫环境下更加有效。

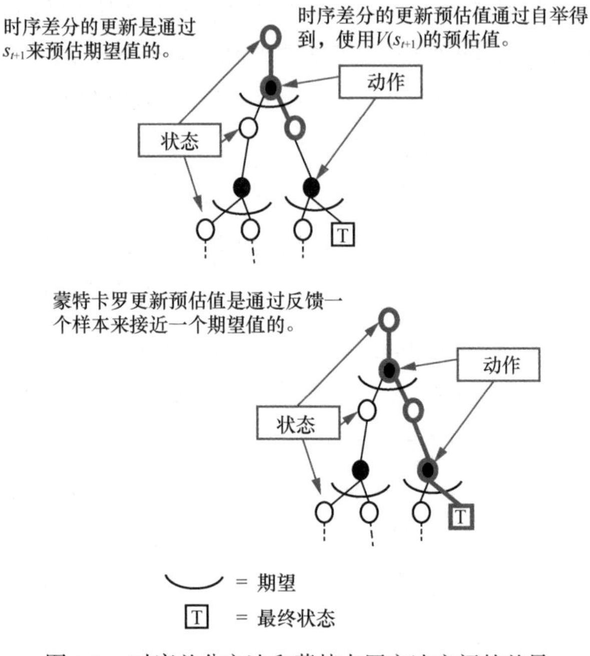

图4-4 时序差分方法和蒙特卡罗方法之间的差异

4.6 *n* 步时序差分方法

把时序差分方法进一步拓展，之前只向前自举了一步，即 TD(0)，我们可以调整为两步，利用两步得到的回报来更新状态的价值，调整n步的方法就是n步时序差分（n-step TD），如式 (4.7) 所示。

$$
\begin{aligned}
& n=1(\mathrm{TD}) G_t^{(1)}=r_{t+1}+\gamma V(s_{t+1}) \\
& n=2 G_t^{(2)}=r_{t+1}+\gamma r_{t+2}+\gamma^2 V(s_{t+2}) \\
& n=\infty(\mathrm{MC}) G_t^{\infty}=r_{t+1}+\gamma r_{t+2}+\cdots+\gamma^{T-t-1} r_T
\end{aligned}
\tag{4.7}
$$

我们会发现当n趋近于无穷大时，n 步时序差分就变成了蒙特卡罗方法，因此可以通过调整自举的步数来实现蒙特卡罗方法和时序差分方法之间的权衡。n 步时序差分中的n我们通常会用λ来表示，即TD(λ)方法。

以下是一些常见的用于选择合适的λ的方法。

- 网格搜索（grid search）：对于给定的一组λ值，可以通过网格搜索方法在这些值中进行遍历，并评估每个值对应的算法性能，选择在验证集上表现最好的λ值作为最终的选择。
- 随机搜索（random search）：随机选择一组λ值，在验证集上评估每个值对应的算法性能，通过多次随机搜索，可以得到更好的λ值。
- 自适应选择（self-adaptive selection）：在训练过程中逐渐适当地调整λ的取值。例如，可以在训练的早期使用较小的λ值，以更多地依赖单步 TD 误差来减小偏差；在训练的后期逐渐增大λ值，以更多地依赖多步回报来减小方差。
- 交叉验证（cross-validation）：将数据集划分为多个子集，交叉验证不同的λ值，并平均它们的性能评估结果，这样可以更好地估计不同λ值的泛化性能。
- 经验取值（experienced value）：在某些情况下，根据先前的经验或已知的任务特性，可以选择一些常用的λ值作为初始值，并进一步微调。

需要注意的是，无论使用哪种方法，λ的最佳取值可能因任务、环境和算法的不同而异。因此，选择合适的λ值的过程是一个实验过程，需要根据具体问题进行调整。在实际应用中，可以结合多种方法来找到最佳的λ值，以获得更好的性能。

4.7　本章小结

本章重点讲解了两种常见的免模型预测方法，即蒙特卡罗方法和时序差分方法。另外本章还涉及一些关键的概念，如有模型与免模型、预测与控制，建议读者熟练掌握。

4.8 练习题

1. 有模型算法与免模型算法的区别是什么？列举一些相关的算法。
2. 举例说明预测与控制的区别与联系。
3. 说明蒙特卡罗方法和时序差分方法的优缺点。

第 5 章　免模型控制

回顾前面讲解的控制，即给定一个马尔可夫决策过程，输出最优策略以及对应的最优价值函数。而免模型算法则是指不需要知道环境的状态转移概率的一类算法，实际上很多经典的强化学习算法都是免模型算法。本章会重点介绍两种基础的免模型算法，即 Q-learning 和 Sarsa 算法，它们都是基于时序差分的算法。

5.1　Q-learning 算法

在 4.4 节中我们讲解的是状态价值函数的时序差分，其目的是预测每个状态的价值。而在 4.2 节中我们提到了控制的方法需要输出最优策略的同时，也输出对应的状态价值函数，预测的方法是为了帮助解决控制问题做铺垫。不知道读者是否还记得，策略与状态价值函数之间是存在联系的，这个联系就是动作价值函数，如式 (5.1) 所示。

$$V_\pi(s)=\sum_{a\in A}\pi(a\mid s)Q_\pi(s,a) \tag{5.1}$$

为了解决控制问题，我们只需要直接预测动作价值函数，然后在决策时选择最大动作价值（即 Q 值）对应的动作即可。这样一来，策略和动作价值函数同时达到最优，相应的状态价值函数也是最优的，这就是 Q-learning 算法的思路。

Q-learning 算法更新公式如式 (5.2) 所示。

$$Q(s_t,a_t)\leftarrow Q(s_t,a_t)+\alpha[r_t+\gamma\max_a Q(s_{t+1},a)-Q(s_t,a_t)] \tag{5.2}$$

我们回忆一下时序差分方法中状态价值函数的更新公式，如式 (5.3) 所示。

$$V(s_t) \leftarrow V(s_t) + \alpha[r_{t+1} + \gamma V(s_{t+1}) - V(s_t)] \tag{5.3}$$

我们会发现两者的更新方法是一样的，都是基于时序差分的更新策略。不同的是，动作价值函数更新时是直接通过最大的未来动作价值的 $\gamma \max_a Q(s_{t+1}, a)$ 来估计的，而在状态价值函数更新时，相当于通过对应的均值来估计。这就会导致这个估计更不准确，这一般称为Q值的**过估计**（overestimation），当然过估计仅限于以 Q-learning 为基础的算法，不同的算法为了优化这个问题使用了不同的估计方式，其中就包括本章后面会讲解的 Sarsa 算法，这里暂时不详细展开介绍。

5.1.1 Q 表格

回到 Q-learning 算法本身，其实到这里我们已经把 Q-learning 算法的核心内容讲完了，即式 (5.3) 。但是有必要介绍几个概念，即 Q 表格和探索策略，以便帮助读者加深对 Q-learning 的理解。

关于 Q 表格，其实我们在前面讲解蒙特卡罗方法的过程中已经介绍了其“雏形”，就在我们所举的价值函数网格分布的例子中。我们接着这个例子继续讲解，不记得的读者建议回顾一下。这个例子以左上角为起点，右下角为终点，机器人只能向右或者向下走，每次移动后机器人会收到一个 –1 的奖励，即奖励函数 $R(s,a) = -1$，然后求出机器人从起点走到终点的最短路径。

其实这个问题的答案比较简单，机器人要到达终点只能先向右走然后向下走，或者先向下走然后向右走，有且只有两条路径，并且同时是最短路径。当时出于简化计算的考虑，只使用了2×2的网格。这次我们可以将问题变得更有挑战性，如图 5-1 所示，我们将网格变成大一点的3×3的网格，并且不再限制机器人只能向右或者向下走，它可以向上、向下、向左和向右随意移动，当然每次还是只能移动一格，并且不能移出边界，另外奖励函数也不变。

我们还是把机器人的位置看作状态，这样一来总共有 9 个状态$s_1, s_2, s_3, s_4, s_5, s_6, s_7, s_8, s_9$，4 个动作$a_1, a_2, a_3, a_4$（分别对应向上、向下、向左、向右）。我们知道 Q 函数，也就是状态价值函数的输入就是状态和动作，输出就是一个值，由于这里的状态和动作都是离散的，这样一来我们就可以用一个表格来表示它们，如表 5-1 所示。

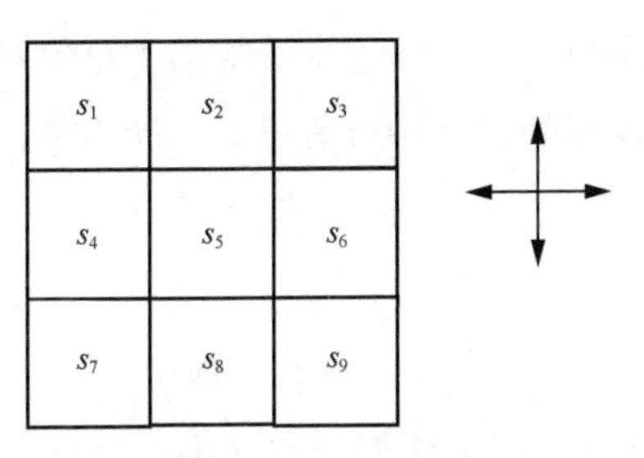

图 5-1　3×3网格进阶

表 5-1　Q表格

动作	s_1	s_2	s_3	s_4	s_5	s_6	s_7	s_8	s_9
a_1	0	0	0	0	0	0	0	0	0
a_2	0	0	0	0	0	0	0	0	0
a_3	0	0	0	0	0	0	0	0	0
a_4	0	0	0	0	0	0	0	0	0

表格的行和列分别对应动作和状态，数值表示对应的 Q 值，比如$Q(s_1,a_1)=0$，这就是 Q 表格。在实践中，我们可以给所有的 Q 值预先设一个值，这就是 Q 值的初始化。这些值可以是随机的，这里为了方便将其全部初始化为 0，但终止状态对应的 Q 值必须为 0，这点在讲解时序差分的方法中提到过，比如这里终止状态s_9对应的所有 Q 值，包括$Q(s_9,a_1)$、$Q(s_9,a_2)$、$Q(s_9,a_3)$、$Q(s_9,a_4)$等都必须为 0，并且也不参与 Q 值的更新。

现在我们讲讲 Q 值的更新过程，其实它跟前面讲的状态价值的更新是类似的。但不一样的是，状态价值的更新使用的是蒙特卡罗方法，这里使用的是时序差分方法。具体的做法是，让机器人自行在网格中移动，其状态变化后，就把对应的 Q 值更新一次，这个过程就叫作**探索**。

探索的过程也是时序差分方法结合蒙特卡罗方法的体现。当然探索的方式有很多种，很难在读者的初学阶段就将其一次性介绍完，这也是在前面讲时序差分方法的时候我们只讲了更新公式而没有讲实际是怎么操作的原因，之后会结合具体情况一一说明。下面我们讲讲 Q-learning 算法中智能体是怎么探索的。

5.1.2 探索策略

按理来说，直接根据Q函数（即每次选择最大Q值对应的动作）来探索是没有问题的。但是由于在探索的过程中Q值也是估计出来的，还需要利用先前的估计值来更新Q值（也就是自举的过程），换句话说，由于自举依赖于先前的估计值，因此这可能会导致估计出的价值函数存在某种程度的偏差。

通俗的理解就是，如果我们一直基于某种思路工作，工作完之后总结经验（也就是学习的过程）以便提高工作能力和效率，这种方式也许会让我们工作得越来越好。但任何一种思路都不是完美的，都会有一定的瑕疵，也就是说，它可能会导致我们慢慢走偏，此时换一种思路也许就会豁然开朗。

实际上人类社会和科学的发展与此有着异曲同工之处。举一个例子，很久之前人们认为地球是宇宙的中心（即地心说），并且在公元2世纪形成关于它的一个体系化的理论，并且以此理论为基础解决了很多当时难以捉摸的问题。

但是随着科学的进一步发展，这种理论也开始走到“极限”，后来哥白尼提出日心说的理论。守旧派一直坚持同一种思路探索学习，这种探索思路总会受限于当时人们的认知，并且迟早会到达极限，除非出现一个偶然的因素让他们切换一种思路进行探索并且学习到更多的东西。

虽然在今天看来，地心说和日心说都不是准确的，但其实诸多类似的历史事件告诉我们一个道理，即我们需要牢牢掌握现有的知识形成自己的理论或者经验体系，同时也要保持好奇心，与时俱进，这样我们的社会才能长久地发展下去。这对于强化学习中的智能体来说也是如此。

回到Q-learning算法，它采用了一个叫作ε-greedy的探索策略，ε-greedy是指智能体在探索的过程中，会以$1-\varepsilon$的概率按照Q函数来执行动作，然后以ε的概率随机执行动作。这个以$1-\varepsilon$的概率按照Q函数来执行动作的过程就是前面所说的“守旧派”，即以现有的经验执行动作，ε-greedy就是保持一定的好奇心探索可能的更优的动作。

当然，通常ε的值会设置得特别小，比如0.1，毕竟“守旧”并不总是一件坏事，新的东西出现的概率总是特别小的，如果保持过度的好奇心，即将ε的值设置得很大，就很有可能导致智能体既学不到新的东西也会丢掉已经学习到的东西，所谓“捡了芝麻丢了西瓜”。

而且一般来说，ε会随着学到的东西增多而变少，就好比科学知识体系几近完备的现代，能够探索到新的东西的概率是非常小的。因此通常在实践中，ε的值还会随着时步的增长而衰减，比如从 0.1 衰减到 0.01。

更确切地说，以$1-\varepsilon$的概率按 Q 函数来执行动作的过程，在强化学习中我们一般称为利用（exploitation），而以ε的概率随机执行动作的过程称为探索（exploration）。

什么时候需要探索得更多，什么时候需要利用得更多，其实是很难下定论的，这就是大多数强化学习情景中需要面临的**探索 - 利用窘境**（exploration-exploitation dilemma）。我们需要在探索和利用之间做权衡，这其实跟深度学习中的**偏差 - 方差权衡**（bias-variance tradeoff）如出一辙。

讲到这里，我们就可以给出 Q-learning 算法的伪代码了，如图 5-2 所示。

Q-learning 算法

1: 初始化 Q 表格，$Q(s,a)$ 为任意值，但其中 $Q(s_{\text{terminal}},^*)=0$，即终止状态对应的 Q 值为 0
2: **for** 回合数 $=1,M$ **do**
3: 　重置环境，获得初始状态 s_1
4: 　**for** 时步 $t=1,T$ **do**
5: 　　根据 $\varepsilon-$greedy 策略采样动作 a_t
6: 　　环境根据 a_t 反馈奖励 r_t 和下一个状态 s_{t+1}
7: 　　**更新策略：**
8: 　　$Q(s_t,a_t)\leftarrow Q(s_t,a_t)+\alpha[r_t+\gamma\max_a Q(s_{t+1},a)-Q(s_t,a_t)]$
9: 　　更新状态 $s_{t+1}\leftarrow s_t$
10: 　**end for**
11: **end for**

图 5-2　Q-learning算法伪代码

5.2 Sarsa 算法

Sarsa 算法虽然在刚提出的时候被认为是 Q-learning 算法的改进，但在今天来看，它们是非常类似但模式不同的两种算法，Q-learning 算法被认为是异策略（off-policy）算法，而 Sarsa 算法则被认为是同策略（on-policy）算法，具体我们后面会展开说明。我们先来看 Sarsa 算法，我们提到 Sarsa 算法跟 Q-learning 算法是非常类似的，这是因为两者之间在形式上只有 Q 值更新公式是不同的，Sarsa

算法的 Q 值更新公式如式 (5.4) 所示。

$$Q(s_t,a_t) \leftarrow Q(s_t,a_t) + \alpha[r_t + \gamma Q(s_{t+1},a_{t+1}) - Q(s_t,a_t)] \tag{5.4}$$

也就是说，Sarsa 算法是直接用下一个状态和动作对应的Q值来作为估计值的，而 Q-learning 算法则是用下一个状态对应的最大Q值来作为估计值的。现在我们就可以给出 Sarsa 算法的伪代码了，如图 5-3 所示。

Sarsa 算法

1: 初始化 Q 表格， $Q(s,a)$ 为任意值，但其中 $Q(s_{\text{terminal}},^*)=0$，即终止状态对应的 Q 值为 0
2: **for** 回合数 $=1,M$ **do**
3: 重置环境，获得初始状态 s_1
4: 根据 ε-greedy 策略采样初始动作 a_1
5: **for** 时步 $t=1,T$ **do**
6: 环境根据 a_t 反馈奖励 r_t 和下一个状态 s_{t+1}
7: 根据 ε-greedy 策略采样动作 a_{t+1}
8: **更新策略：**
9: $Q(s_t,a_t) \leftarrow Q(s_t,a_t)+\alpha[r_t+\gamma Q(s_{t+1},a_{t+1})-Q(s_t,a_t)]$
10: 更新状态 $s_{t+1} \leftarrow s_t$
11: 更新动作 $a_{t+1} \leftarrow a_t$
12: **end for**
13: **end for**

图 5-3 Sarsa算法伪代码

5.3 同策略算法与异策略算法

虽然 Q-learning 算法和 Sarsa 算法在形式上仅Q值更新公式有所区别，但这两种算法代表的是截然不同的两类算法。我们可以注意到，Sarsa 算法在训练的过程中用当前策略来生成数据样本，并在其基础上进行更新。换句话说，策略估计和策略改进过程是基于相同的策略完成的，此类算法就是**同策略算法**。相应地，像 Q-learning 算法这样从其他策略中获取样本然后利用它们来更新目标策略的算法，我们称作**异策略算法**。

也就是说，异策略算法基本上是从经验回放或者历史数据中进行学习的。这两类算法有着不同的优缺点，同策略算法相对来说更加稳定，但是效率较低。而异策略算法通常更加高效，但是需要让获取样本的策略和更新的策略具备一定的分布匹配条件，以避免偏差。

5.4　实战：Q-learning 算法

本节是我们的第一个算法实战，由于是第一个实战，所以会讲得详细一些，后面的算法实战部分可能会讲得越来越粗略，如果读者有不明白的地方，欢迎随时交流讨论。实战的思路与理论学习的有所区别，并且因人而异，因此读者在学习实战部分的时候参考即可，最重要的是有自己的想法。

此外，笔者认为**对于实战来说最重要的一点就是写好伪代码**。如果说理论部分是数学语言，实战部分就是编程语言，而伪代码则是从数学语言到编程语言的过渡，这也是笔者在讲解每个算法的时候尽可能给出伪代码的原因。

在每个算法实战的内容中，笔者基本会按照定义算法、定义训练、定义环境、设置参数以及开始训练等步骤展开，这是笔者个人的编程习惯。由于这次是第一次讲解实战，所以先讲定义训练，因为其中涉及一个所有强化学习通用的训练模式。

5.4.1　定义训练

回顾一下图 5-3 中伪代码的第 2 行到第 11 行，我们会发现一个强化学习通用的训练模式：首先迭代很多个回合，在每个回合中，重置环境，获取初始状态，智能体根据状态选择动作，然后环境反馈下一个状态和对应的奖励，同时智能体会更新策略，直到回合结束。这其实就是马尔可夫决策过程中智能体与环境互动的过程，将其写成一段通用的代码，如代码清单 5-1 所示。

代码清单 5-1　训练通用代码

```
for i_ep in range(train_eps): # 遍历每个回合
    # 重置环境，获取初始状态
    state = env.reset()  # 重置环境，即开始新的回合
    while True: # 对于比较复杂的游戏可以设置每个回合最大的步长，例如 while ep_step
<100，即最大步长为 100
        # 智能体根据策略采样动作
```

```
        action = agent.sample_action(state)  # 根据策略采样一个动作
        # 与环境进行一次交互，得到下一个状态和奖励
        next_state, reward, terminated, _ = env.step(action)  # 智能体将样本记
录到经验回放中
        agent.memory.push(state, action, reward, next_state, terminated)
        # 智能体更新策略
        agent.update(state, action, reward, next_state, terminated)
        # 更新状态
        state = next_state
        # 如果终止则本回合结束
        if terminated:
            break
```

5.4.2 定义算法

强化学习中有几个要素，即智能体、环境、经验回放，在实践中需要逐一定义这些要素。我们一般首先定义智能体，或者算法，在 Python 中一般将其定义为类即可。然后考虑智能体在强化学习中主要负责哪些工作。

1. 采样动作

在训练中需要采样动作与环境交互，于是我们可以定义一个类方法，命名为 sample_action，如代码清单 5-2 所示。

代码清单 5-2 定义采样动作

```
class Agent:
    def __init__():
        pass
    def sample_action(self, state):
        ''' 采样动作，训练时用
        '''
        self.sample_count += 1
        # ε是会递减的，这里选择指数递减
        self.epsilon = self.epsilon_end + (self.epsilon_start - self.
epsilon_end) * math.exp(- self.sample_count / self.epsilon_decay)
        # ε-greedy 策略
        if np.random.uniform(0, 1) > self.epsilon:
```

```
        action = np.argmax(self.Q_table[str(state)]) # 选择 Q(s,a) 最大值对应
的动作
    else:
        action = np.random.choice(self.n_actions) # 随机选择动作
    return action
```

在这里我们用了 ε-greedy 策略，其中 ε 会随着采样的步数呈指数衰减，感兴趣的读者也可以直接设置固定的 $\varepsilon = 0.1$ 试试。

在 Q-learning 算法中还有一个重要的要素，即 Q 表格，Q 表格的作用是输入状态和动作，我们可以用一个二维的数组来表示 Q 表格，比如 Q_table[0][1] = 0.1 可以表示 $Q(s_0, a_1) = 0.1$（注意，Python 中的索引从 0 开始）。而在我们的示例代码中用一个默认字典来定义 Q 表格，如代码清单 5-3 所示。

代码清单 5-3　定义 Q 表格

```
self.Q_table  = defaultdict(lambda: np.zeros(n_actions))
```

这样的好处是从数据结构上来说，默认字典是哈希表结构，二维数组是线性表结构，从哈希表中取出数据的速度会比从线性表中取出数据的速度快。

2. 预测动作

每个智能体在训练中和在测试中采取动作的方式一般是不一样的，因为在训练中需要增加额外的探索策略，而在测试中只需要输出最大Q值对应的动作即可，预测动作如代码清单 5-4 所示。

代码清单 5-4　预测动作

```
class Agent:
    def __init__():
        pass
    def predict_action(self,state):
        ''' 预测或选择动作，测试时用
        '''
        action = np.argmax(self.Q_table[str(state)])
        return action
```

3. 更新策略

所有强化学习算法的采样动作和预测动作方式几乎是比较固定的，对于每个智能体来说最核心的是更新策略的方法，在 Q-learning 算法中的更新方法较为简单，而且不需要经验回放（具体会在 DQN 算法中展开），如代码清单 5-5 所示。

代码清单 5-5　更新策略

```
def update(self, state, action, reward, next_state, terminated):
    Q_predict = self.Q_table[str(state)][action]
    if terminated: # 终止状态
        Q_target = reward
    else:
        Q_target = reward + self.gamma * np.max(self.Q_table[str(next_state)])
    self.Q_table[str(state)][action] += self.lr * (Q_target - Q_predict)
```

其中 self.lr 就是更新公式中的 α（学习率），到这里我们就定义好了智能体，完整的内容可参考随书代码。

5.4.3 定义环境

在本节中我们选择一个叫作 CliffWalking-v0（中文名叫“悬崖寻路”）的环境，它跟第 3 章中举的机器人最短路径的例子是类似的，只是更加复杂。

整个环境中共有 48 个网格，其中黄色网格（编号为 36）为起点，绿色网格（编号为 47）为终点，红色网格（编号为 37 ~ 46）为悬崖，智能体的目标是以最短的路径从起点走到终点，并且避开悬崖。由于这个环境比较简单，我们很快就能看出来最优的策略应当是从起点向上走到 24 号网格然后沿着直线走到 35 号网格最后到达终点，后面我们看看强化学习智能体能不能学出来。CliffWalking-v0 环境示意如图 5-4 所示。

此外，我们使用强化学习算法的时候更重要的是要对环境本身的状态、动作和奖励有所了解，以便指导我们优化算法。在这个环境中，状态比较简单，就是当前智能体所处的网格位置或者编号，动作就是向上、右、下、左走（分别对应 0、1、2、3，顺序可能有点奇怪，但官方环境是这么设置的）。奖励分几种情况，其中一种是每走到一个白色网格（以及起点）时会给一个 -1 的奖励，到达终点的时候得到的奖励为 0，走到边缘、悬崖或者终点的时候本回合游戏结束，这些设置在 OpenAI Gym 官方源码中都能找到。

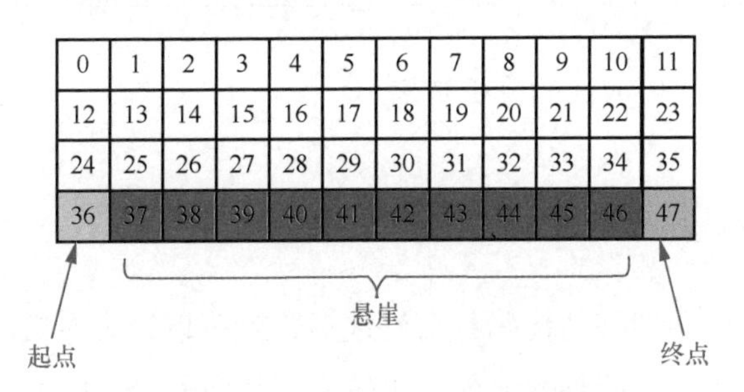

图 5-4 CliffWalking-v0 环境示意

这里之所以每走到一个白色网格会给一个负的奖励，是因为我们的目标是最短路径，换句话说每走一步都是有代价的，所以需要设置一个负的奖励或者惩罚，设置正的奖励或 0 容易误导智能体在训练过程中一直走网格，会让智能体找不到目标。奖励就相当于我们给智能体设置的目标，因此如何合理地设置奖励其实也是一项复杂的工程，具体后面我们会展开介绍。

我们选择的环境是由 OpenAI Gym 开发的，它提供了一套标准化的环境，代码封装得也比较好，只需要一行代码就能定义环境，如代码清单 5-6 所示。

代码清单 5-6 OpenAI Gym 定义环境

```
env = gym.make('CliffWalking-v0')
```

当然大多数情况下我们需要根据需求建立自己的环境，这时我们也可以仿照 OpenAI Gym 的模式来建立，具体会在后面单独讲解。

在 OpenAI Gym 中，我们可以通过以下方式获取环境的状态数和动作数，如代码清单 5-7 所示。

代码清单 5-7 OpenAI Gym 获取环境的状态数和动作数

```
n_states = env.observation_space.n # 状态数
n_actions = env.action_space.n # 动作数
print(f"状态数：{n_states}，动作数：{n_actions}")
```

输出的结果如代码清单 5-8 所示。

代码清单 5-8　OpenAI Gym 获取的环境的状态数和动作数

```
状态数：48，动作数：4
```

以上结果符合我们前面的分析结果。

5.4.4　设置参数

智能体、环境和训练的代码都写好之后，就可以设置参数了。Q-learning 算法的超参数（需要人工调整的参数）比较少，其中 γ（折扣因子）比较固定，设置为 0.9 ~ 0.999，一般设置成 0.99 即可。而学习率 α 在本节中设置得比较大，为 0.1，在实际更复杂的环境和算法中，α 是小于 0.01 的，因为它太大很容易发生过拟合的问题，而本节的环境和算法都比较简单，为了收敛得更快所以将其设置得比较大。

此外，由于我们探索策略中的 ε 是会随着采样步数增加而衰减的，在实践过程中既不能让它衰减得太快也不能让它衰减得太慢，因此需要合理设置如下参数，如代码清单 5-9 所示。

代码清单 5-9　OpenAI Gym 设置参数

```
self.epsilon_start = 0.95 #  ε-greedy 策略中 ε 的初始值
self.epsilon_end = 0.01 #  ε-greedy 策略中 ε 的最终值
self.epsilon_decay = 200 #  ε-greedy 策略中 ε 的衰减率
```

5.4.5　开始训练

准备工作做好之后，就可以开始训练了，得到的 Q-learning 算法训练曲线如图 5-5 所示，曲线横坐标表示回合数，纵坐标表示每回合获得的总奖励。从图中可以看出曲线其实从大约 50 个回合的时候就开始收敛了，说明我们的智能体学到了一个最优策略。

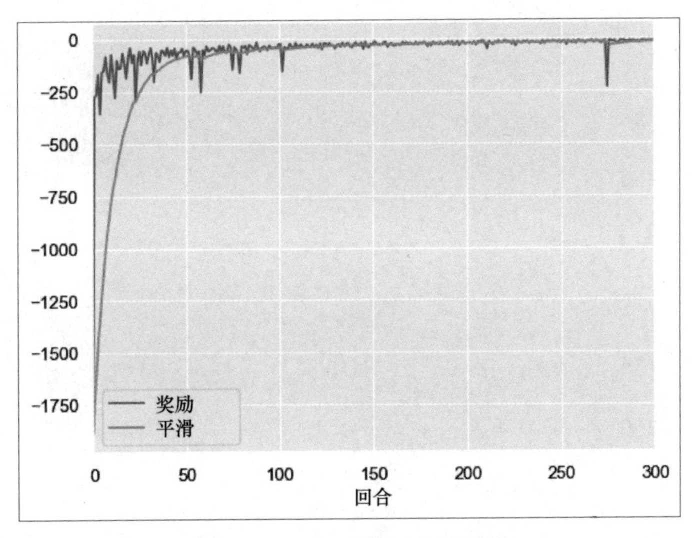

图5-5　Q-learning算法训练曲线

在训练过程中输出每回合的奖励，总共训练了 300 个回合，Q-learning 算法训练结果如代码清单 5-10 所示。

代码清单 5-10　Q-learning 算法训练结果

```
回合：200/300，奖励：-22.0，Epsilon：0.010
回合：220/300，奖励：-20.0，Epsilon：0.010
回合：240/300，奖励：-15.0，Epsilon：0.010
回合：260/300，奖励：-20.0，Epsilon：0.010
回合：280/300，奖励：-13.0，Epsilon：0.010
回合：300/300，奖励：-13.0，Epsilon：0.010
```

我们发现奖励在 −13 左右波动，波动的原因是此时还存在 0.01 的概率做随机探索。

为了确保我们训练出来的策略是有效的，可以对训练好的策略进行测试，测试的过程跟训练的过程差别不大，原因之一是智能体在测试的时候直接将模型预测的动作输出就行，即在训练中是采样动作（带探索策略），测试中就是预测动作；原因之二是训练过程中不需要更新策略，因为已经收敛了。

如图 5-6 所示，我们测试了 10 个回合，发现每回合获得的奖励都是 −13，这说明我们学到的策略是比较稳定的。

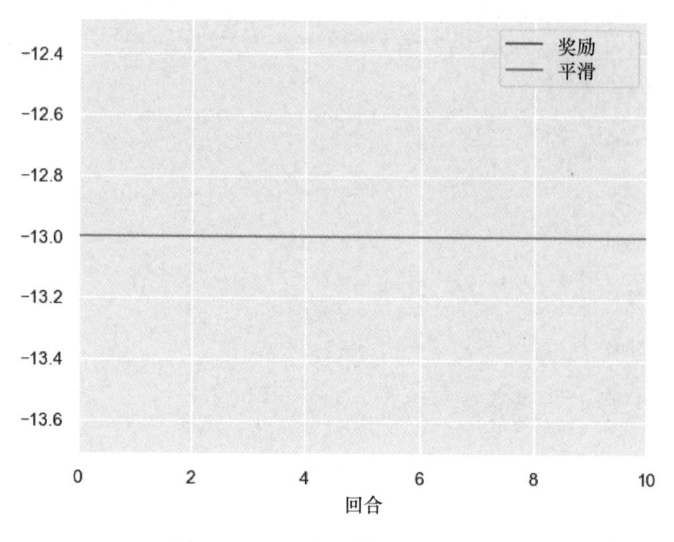

图 5-6　Q-learning算法测试曲线

5.4.6　结果分析

为什么学习到的策略每回合的奖励是 –13 呢？回顾一下我们在前面介绍环境的时候讲到内容后，我们很快就能看出来最优的策略应当是从起点向上走到 24 号网格，然后沿着直线走到 35 号网格最后到达终点，而这中间要走多少个网格呢？读者可以数一下，不包括终点（走到终点得到的奖励是 0）的话正好就是 13 步，每走一步会得到 –1 的奖励，全部加起来正好是 –13。

这说明智能体学习到的策略很有可能就是最优的。我们还需要把智能体在测试的时候每回合、每步的动作输出验证一下，输出结果如代码清单 5-11 所示。

代码清单 5-11　测试的动作列表

```
测试的动作列表：[0, 1, 1, 1, 1, 1, 1, 1, 1, 1, 1, 1, 2]
```

可以看到智能体学习到的策略是先往上走（即动作 0），然后一直往右走（即动作 1）11 格，最后往下走（即动作 2），这其实就是我们肉眼看出来的最优策略。

5.4.7 消融实验

为了进一步探究ε是随着采样步数增加衰减更好，还是恒定不变更好，我们做了一个消融（ablation）实验，即将ε设置为恒定的 0.1，如代码清单 5-12 所示。

代码清单 5-12 设置 ε 为恒定的 0.1

```
# 将初始值和最终值设置为一样的，这样 ε 就不会衰减
self.epsilon_start = 0.1 #  ε-greedy 策略中 ε 的初始值
self.epsilon_end = 0.1 #  ε-greedy 策略中 ε 的最终值
self.epsilon_decay = 200 #  ε-greedy 策略中 ε 的衰减率
```

然后重新训练和测试，得到的训练曲线如图 5-7 所示。

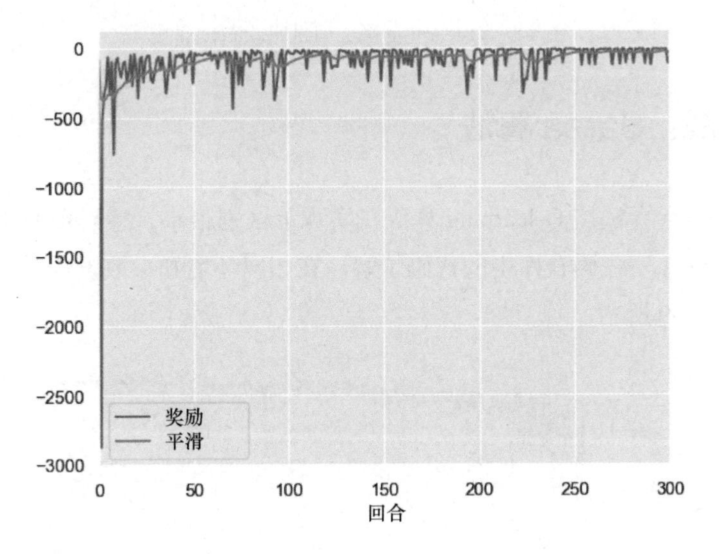

图 5-7 Q-learning 算法消融实验训练曲线

测试曲线如图 5-8 所示。

不难发现，在ε恒定时，虽然最后也能收敛，但是相对来说没有那么稳定，在更复杂的环境中ε随着采样步数衰减的好处会体现得更加明显。

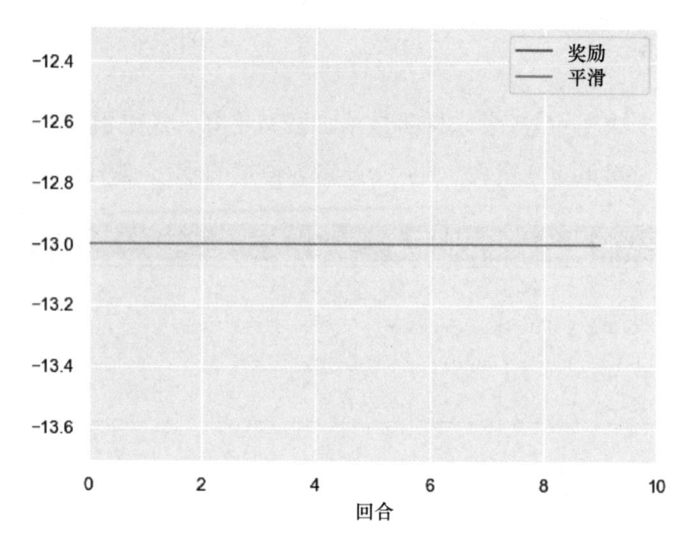

图5-8　Q-learning算法消融实验测试曲线

5.5　实战：Sarsa 算法

由于 Sarsa 算法与 Q-learning 算法在实现上区别很小，感兴趣的读者可以直接阅读“JoyRL”代码仓库中的代码了解。在相同环境和参数设置下，得到的训练曲线如图 5-9 所示。

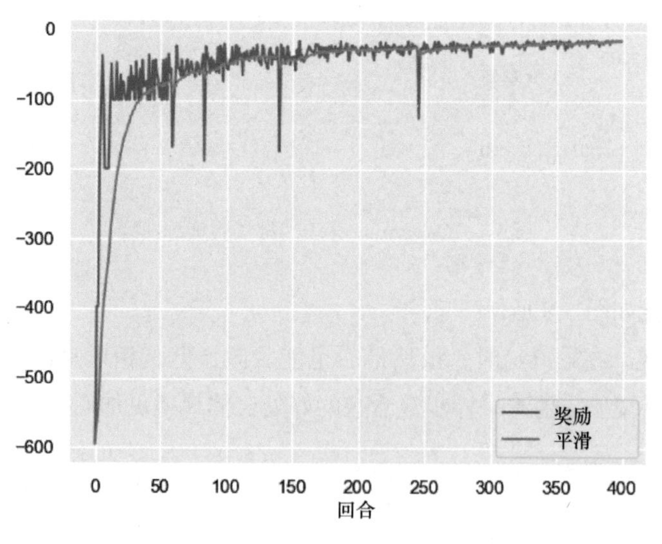

图5-9　Sarsa算法训练曲线

测试曲线如图 5-10 所示。

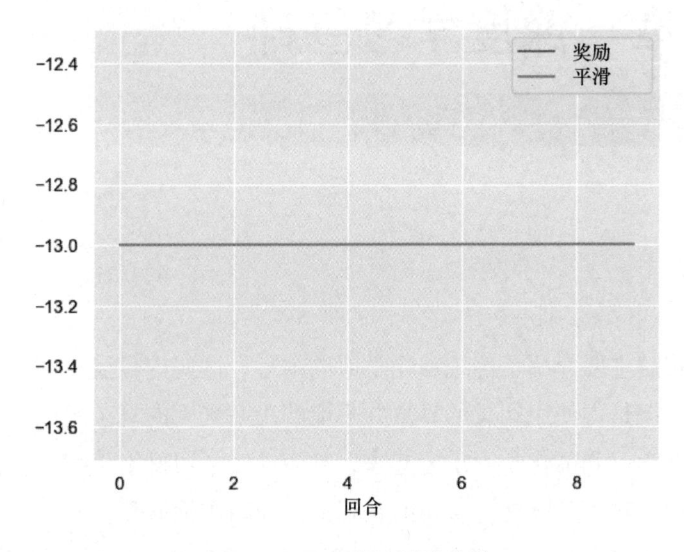

图 5-10 Sarsa 算法测试曲线

我们发现相比于 Q-learning 算法的 300 个回合收敛，Sarsa 算法需要额外的 100 个回合才能收敛，这说明同策略算法相对于异策略算法收敛速度更慢。

5.6 本章小结

本章主要介绍了两种经典的传统强化学习算法，即 Q-learning 和 Sarsa 算法。这两种算法虽然非常相似，但本质上是两种不同的算法，前者为异策略算法，后者为同策略算法。虽然这两种算法在目前的强化学习实践中几乎不怎么用到，但它们是后面的 DQN 算法的基础，读者需要熟练掌握。

5.7 练习题

1. 什么是 Q 值的过估计？它有什么缓解的方法吗？
2. 同策略与异策略之间的区别是什么？
3. 为什么需要探索策略？

第 6 章　深度学习基础

在前面我们主要介绍了传统强化学习的内容，这些内容涵盖基础问题的核心和解决方法。但是仅使用相关的算法并不能解决高维度的复杂问题，因此现在普遍流行将深度学习和强化学习结合起来，利用深度学习网络强大的拟合能力将状态、动作等作为输入，以估计对应的状态价值和动作价值等。

本章将对强化学习中会用到的一些深度学习知识（主要包括各种神经网络等）进行简要归纳。这些归纳内容主要面向已经有深度学习基础的读者，不会涉及过多的公式推导。

6.1　强化学习与深度学习的关系

之前我们讲到了强化学习的问题可以拆分成两类问题，即预测和控制。预测的主要目的是根据环境的状态和动作来预测状态价值和动作价值，而控制的主要目的是根据状态价值和动作价值来选择动作。换句话说，预测主要是告诉我们当前状态下采取什么动作比较好，而控制则是按照某种方式决策。预测和控制的关系就好比军师与主公的关系，军师提供他认为最佳的策略，而主公则决定是否采纳策略。

不知道读者是否看过《超智能足球》这部热血动画，它是笔者看过比较好的带有高科技元素的足球动画，主要讲述的是主角团带领他们的超智能足球机器人打入世界大赛的故事，对于它的喜爱也是笔者选择强化学习作为写作主题的原因之一。

如图 6-1 所示,《超智能足球》中，英国三狮队的主要领队是尼尔逊和巴菲斯，巴菲斯是一个超级数据分析专家，他能在各种场景下计算对手传球、射门的概率，以及我方进球和传球的各种收益，尼尔逊会根据他的数据分析结果来决定下一步动作。尼尔逊是一个非常有头脑的领队，他不会只依靠巴菲斯的计算结果，还会结合自身的经验和对足球的直觉来做出数据之外的决策。这个数据之外的决策在强化学习中叫作探索，也就是说，尼尔逊会根据巴菲斯的计算结果来做出决策，但是他也会根据自身的经验和直觉来做出一些不确定的决策，这样才能保证他的队伍不会被对手轻易地打败。

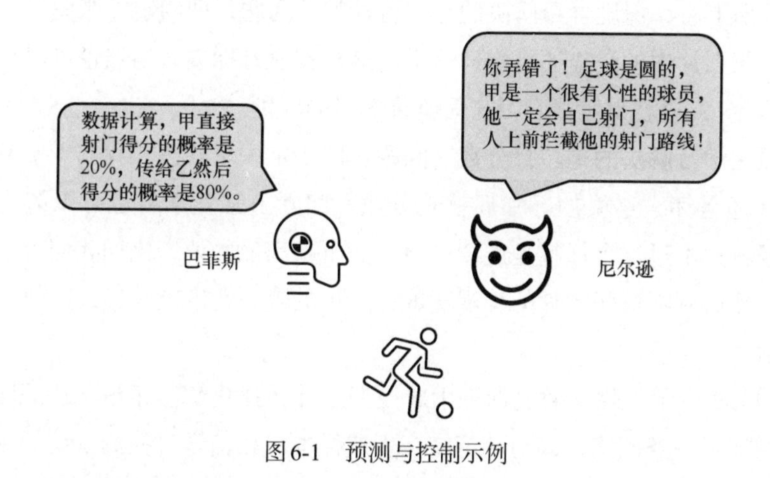

图6-1 预测与控制示例

以上示例体现了预测和控制的关系，通常在强化学习中预测和控制的部分看起来是共用一个表或者神经网络的，因此读者可能会因为主要关注价值函数的估计而忽视控制这层关系，控制通常在采样动作的过程中体现出来。预测相当于人的眼睛和大脑的视觉神经处理部分，而控制相当于大脑的决策神经处理部分，它们看似是两个独立的部分，但实际上是相互依赖的，预测的结果会影响控制的决策，而控制的决策也会影响预测的结果。

讲到这里，读者应该不难理解，深度学习就是用来提高强化学习中预测的效果的，因为深度学习本身就是一个目前看来预测和分类效果俱佳的工具。比如 Q-learning 的 Q 表格就完全可以用神经网络来拟合。注意，深度学习只是一种非常广泛的应用，但并不是强化学习的必要条件，也可以使用一些传统的预测模型，例如决策树、贝叶斯模型等，因此读者在研究相关问题时需要充分拓宽思路。类似地，在控制问题中，也可以利用深度学习或者其他的方法来提高性能，例如结合进化算法来提高强化学习的探索能力。

从训练模式上来看，深度学习和强化学习，尤其是结合了深度学习的深度强化学习，都是基于**大量的样本**来对相应算法进行迭代更新并且得到最优效果的，这个过程我们称为**训练**。但与深度学习不同的是，强化学习是在交互中产生样本的，是一个产生样本、更新算法、再次产生样本、再次更新算法的动态循环训练过程，而不是一个准备样本、更新算法的静态训练过程。

从本质上看，深度学习解决的是“打标签”问题，即给定一张图片，我们需要判断这张图片中的是猫还是狗，这里的猫和狗就是标签，当然也可以让算法自动“打标签”，这就是监督学习与无监督学习的区别。

而强化学习解决的是“打分数”问题，即给定一个状态，我们需要判断这个状态是好还是坏，这里的好和坏就是分数。实际上强化学习也可以解决“打标签”问题，只不过这个标签是连续的值，而不是离散的值，比如我们可以给定一张图片，然后判断这张图片的美观程度，这里的美观程度就是连续的值，而不是离散的值。

如图 6-2 所示，除了通过训练生成模型之外，强化学习相当于在深度学习的基础上增加了一条回路，即与环境交互生成样本。相信学过控制系统的读者很快会意识到，这条回路就是一个典型的反馈系统机制，模型的输出一开始并不能达到预期的值，因此通过动态地不断与环境交互来产生一些反馈信息，从而训练出更好的模型。

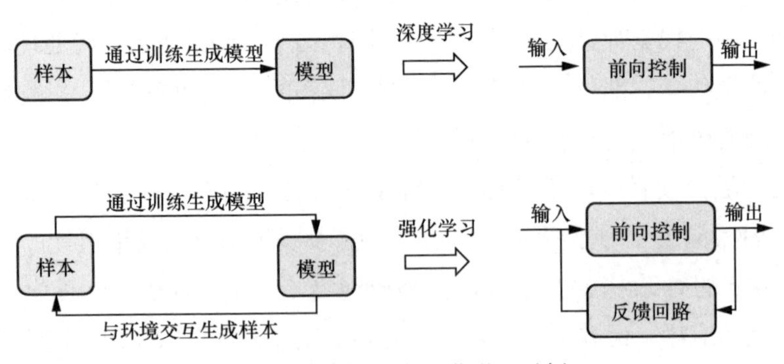

图 6-2　深度学习与强化学习示例

6.2　线性回归模型

从本节开始总结归纳强化学习会用到的一些深度学习模型，如线性模型。严格来说，线性模型并不是深度学习模型，而是传统的机器学习模型，但它是深度学习模型的基础，在深度学习中相当于单层的神经网络。在线性模型中，应用较为广泛的两个基础模型就是线性回归模型和逻辑回归模型，它们通常分别用于解决回归和分类问题，但后者也可以用来解决回归问题。

以典型的房价预测问题为例，假设一套房子有m个特征，例如建造年份、房子面积等，分别记为$x_1,x_2,\cdots,x_m$，用向量表示为式 (6.1) 。

$$\boldsymbol{x}=[x_1,x_2,\cdots,x_m] \tag{6.1}$$

那么房价y可以表示为式 (6.2) 。

$$y=f(\boldsymbol{x};\boldsymbol{w},b)=w_1x_1+w_2x_2+\cdots+w_mx_m+b=\boldsymbol{w}^{\mathrm{T}}\boldsymbol{x}+b \tag{6.2}$$

其中$\boldsymbol{w}$和b是模型的参数，$f(\boldsymbol{x};\boldsymbol{w},b)$是模型的输出，也就是预测的房价。出于简化的考虑，通常我们会用符号$\boldsymbol{\theta}^{\mathrm{T}}$来表示$\boldsymbol{w}$和$b$，如式 (6.3) 所示。

$$f^{\boldsymbol{\theta}}(\boldsymbol{x})=\boldsymbol{\theta}^{\mathrm{T}}\boldsymbol{x} \tag{6.3}$$

在这类问题中，这样的关系可以用模型来表述，我们的目标是求得一组最优的参数$\boldsymbol{\theta}^*$，使得模型尽可能地能够根据房子的m个特征准确预测对应的房价。这类问题叫作拟合问题，比如我们可以用一条直线来拟合一组散点，这条直线代表的就是模型。用来拟合最优参数的这些散点或者数据称作样本，实际应用中由于需要拟合的模型是未知且复杂的，通常不可能用一个简单的函数来表示，因此需要大量的样本来训练模型，这些样本就是训练集。

另外注意，这里是近似求解，因为几乎不可能找到一个模型能够完美拟合所有的样本，即找到最优解，甚至最优解也不一定存在。因此，这类问题也普遍存在过拟合和欠拟合的情况，过拟合是指在训练集上表现很好，但在测试集上表现很差；欠拟合则是指在训练集上表现很差，但在测试集上表现很好。这两种情况都是不理想的，本质上都是出现了局部最优解的问题，因此我们有时候需要一些方法来解决这个问题，比如正则化、数据增强等。

6.3 梯度下降

回到房价预测问题本身，这类问题的解决方法有很多种，例如最小二乘法、牛顿法等，但目前最流行的方法之一是梯度下降。其基本思想如下。

- 初始化参数：选择一个初始点或参数的初始值。
- 计算梯度：在当前点计算函数的梯度，即函数关于各参数的偏导数。梯度指向函数值增加最快的方向。
- 更新参数：按照负梯度方向更新参数，这样可以减少函数值。这个过程在神经网络中一般是以反向传播算法来实现的。
- 重复上述的第2、3个步骤，直到梯度趋近于0或者达到一定迭代次数。

梯度下降本质上是一种基于贪心思想的方法，它的泛化能力很强，能够基于任何**可导的函数**求最优解。如图6-3所示，假设我们要找到一个山谷中的最低点，那么我们可以从任意一点出发，然后沿着坡度更陡的方向向下走，这样就能够找到山谷中的最低点。这里“更陡的方向”就是梯度方向，而沿着这个方向走的步长就是学习率，学习率一般是超参数，需要我们自己来设定。

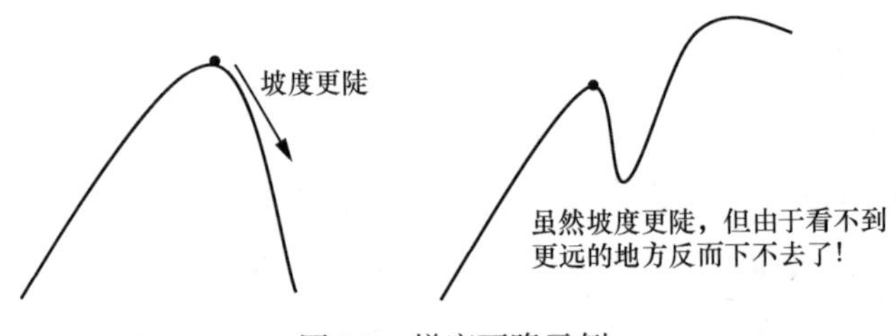

图6-3　梯度下降示例

除了调整学习率和批量（batch）大小之外，我们还可以对梯度下降的机制进行一些处理，比如加入动量、Adam等，这类工具我们一般称为优化器（optimizer）。动量法的基本思想是在梯度下降的过程中，不仅考虑当前的梯度，还考虑之前的梯度，这样可以加快梯度下降的速度，也可以减少梯度下降过程中的振荡。

Adam是一种自适应的优化算法，它不仅考虑了当前的梯度，还考虑了之前的梯度的平方，这样可以更加准确地估计梯度的方向，从而加快梯度下降的速度，这也是目前最流行的优化器之一。注意，在进行强化学习应用或研究的时候，我们并不需要太纠结优化器的选择，而且我们也不需要了解它们的具体原理，只需要知道它们的大致作用就可以了。

此外，从训练中样本选择的方式来看，梯度下降可以分为单纯的梯度下降和随机梯度下降（stochastic gradient descent，SGD）。前者按照样本原本的顺序不断迭代拟合模型参数，后者则随机抽取样本不断迭代拟合模型参数，这样做的好处就是利用随机性可能避免一些局部最优解，从而使得算法更收敛，鲁棒性更强。从批量的大小来看，梯度下降又可以分为批量梯度下降和小批量梯度下降（mini-batch gradient descent），前者每次使用整个训练样本来迭代，也就是批量很大，这样做的好处是每次迭代的方向比较准确，但是计算开销比较大。后者则每次使用一小部分样本来迭代，也就是批量很小，这样做的好处是计算开销比较小，但是每次迭代的方向不太准确。综合来看，我们通常使用小批量的随机梯度下降，这样可以兼顾两者所有的优点，从而使得训练更加稳定，算法效果更好。

6.4　逻辑回归模型

简单介绍完梯度下降之后，我们就可以继续介绍一些模型了，下面介绍逻辑回归模型。注意，虽然逻辑回归的名字中带有回归，但是它是用来解决分类问题而不是回归问题（即预测问题）的。在分类问题中，我们的目标是预测样本的类别，而不是预测连续的值。例如，我们要预测一封邮件是否是垃圾邮件，这就是一个二分类问题，通常输出 0 和 1 等离散的数字来表示对应的类别。在形式上，逻辑回归模型和线性回归模型非常相似，如图 6-4 所示，逻辑回归模型就是在线性回归模型的后面增加一个 sigmoid 函数，我们一般称之为激活函数。

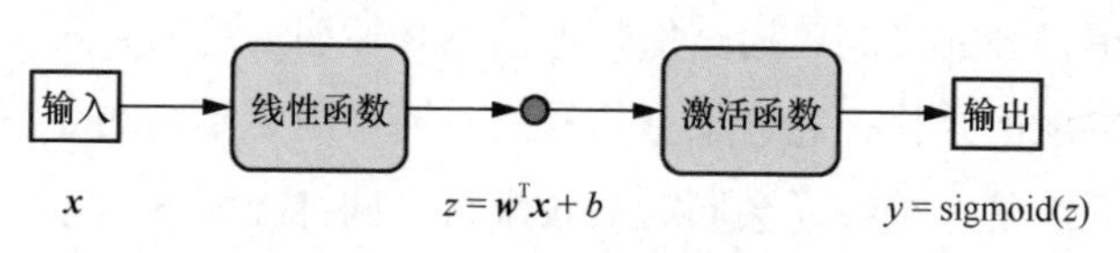

图 6-4　逻辑回归模型示例

sigmoid 函数定义为式 (6.4)。

$$\text{sigmoid}(z)=\frac{1}{1+\exp(-z)} \tag{6.4}$$

如图 6-5 所示，sigmoid 函数可以将输入的任意实数映射到 (0,1) 的区间内，然后对 sigmoid 函数输出的值进行判断，例如输出的值小于 0.5，我们认为预测的是类别 0，反之是类别 1，这样一来通过梯度下降求解模型参数就可以用于解决二分类问题了。注意，虽然逻辑回归模型只是在线性回归模型基础上增加了一个激活函数，但两个模型是完全不同的，包括损失函数等。线性回归模型的损失函数是均方差损失函数，而逻辑回归模型的损失函数一般是交叉熵损失函数，这两种损失函数在深度学习和深度强化学习中都很常见。

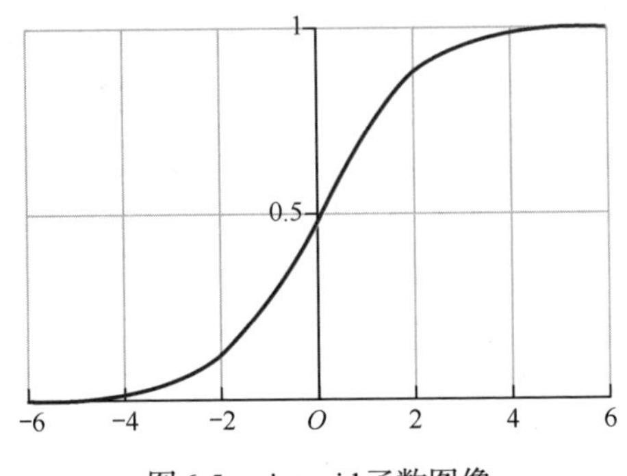

图 6-5 sigmoid 函数图像

逻辑回归模型的主要优点在于增强了模型的非线性能力，同时模型的参数也比较容易求解，但是它也有一些缺点，例如它的非线性能力还是比较弱，而且它只能解决二分类问题，不能解决多分类问题。在实际应用中，我们一般会将多个二分类问题组合成一个多分类问题，例如将 sigmoid 函数换成 softmax 回归函数等。

逻辑回归模型的结构跟生物神经网络的最小单位神经元很相似。如图 6-6 所示，我们知道神经元之间是通过生物电信号来传递信息的，在每个神经元的末端有一个叫作突触的结构，它会根据信号的不同来激活不同的受体并将信号传递给下一个神经元。每个神经元会同时接收来自不同神经元的信号并通过细胞核处理，在人工神经网络中这个处理过程就相当于线性加权处理，即 $\boldsymbol{w}^{\mathrm{T}}\boldsymbol{x}$，然后通过激活函数来判断下一个神经元是否被激活。

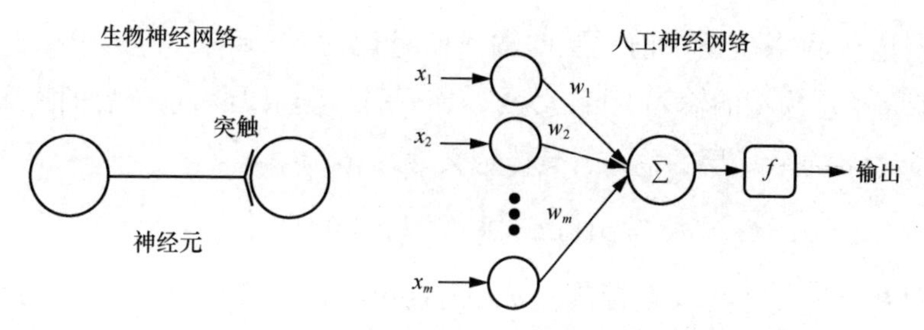

图 6-6 生物神经网络与人工神经网络的对比

此外，逻辑回归模型的结构比较灵活多变，可以通过横向堆叠的形式来增加模型的复杂度，例如增加隐藏层等，这样就能解决更复杂的问题，这就是接下来要讲的神经网络模型。并且，我们可以认为逻辑回归模型是最简单的人工神经网络模型。

6.5 全连接网络

如图 6-7 所示，将线性层横向堆叠起来，前一层网络的所有神经元的输出都会输入下一层的所有神经元中，这样就可以得到一个全连接网络。其中，每个线性层的输出都会经过一个激活函数（图 6-7 中已略去），这样就可以增强模型的非线性能力。

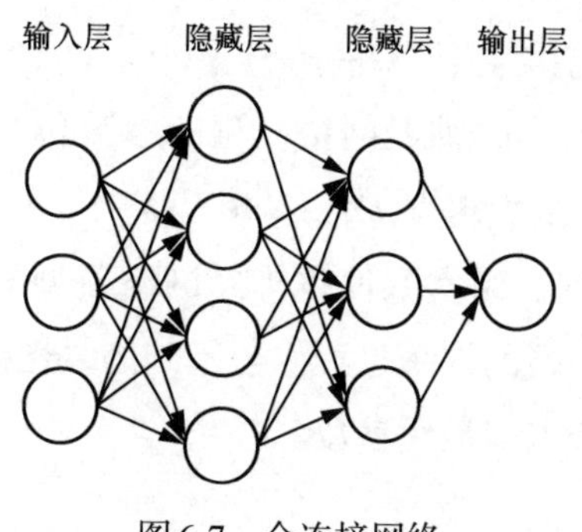

图 6-7 全连接网络

我们把这样的网络称作全连接网络（fully connected network），也称作多层感知机（multi-layer perceptron，MLP），它是最基础的深度神经网络模型之一。把全连接网络模型中前一层的输入向量记为$\boldsymbol{x}^{l-1} \in \mathbb{R}^{d^{l-1}}$，其中第一层的输入（也就是整个模型的输入）可记为$\boldsymbol{x}^0$，每一个全连接层将前一层的输入映射到$\boldsymbol{x}^l \in \mathbb{R}^{d^l}$，也就是后一层的输入，具体定义为式 (6.5) 。

$$\boldsymbol{x}^l = \sigma(z), z = \boldsymbol{W}\boldsymbol{x}^{l-1} + \boldsymbol{b} = \boldsymbol{\theta}\boldsymbol{x}^{l-1} \tag{6.5}$$

其中$\boldsymbol{W} \in \mathbb{R}^{d^{l-1} \times d^l}$是权重矩阵，$\boldsymbol{b}$为偏置矩阵，与线性模型类似，这两个参数我们通常看作一个参数$\boldsymbol{\theta}$。σ是激活函数，除了 sigmoid 函数之外，还包括 softmax 函数、ReLU 函数和 tanh 函数等。其中较常用的是 ReLU 函数和 tanh 函数，前者将神经元（也就是线性函数）的输出映射到 (0,1)，后者则映射到 (–1, 1)。

前面讲到，在强化学习中我们会用神经网络来近似动作价值函数，动作价值函数的输入是状态，输出是各个动作对应的价值，在有些连续动作问题中，比如汽车方向盘转动角度为 (–90°, 90°)，输出动作包含负值，适合用 tanh 激活函数。另外，我们可以把动作空间映射到正值的范围，例如 (0,180)，这样一来对应的神经网络模型激活函数使用 ReLU 函数会更好。总而言之，激活函数的选择需要根据具体的问题来定，几乎没有一种激活函数适用于所有的问题。

在了解神经网络前后层的关系之后，我们就可以表示一个l层的神经网络模型，如式 (6.6) 所示。

$$\begin{aligned}
&\text{第1层：} \boldsymbol{x}^{(1)} = \sigma_1(\boldsymbol{W}^{(1)}\boldsymbol{x}^{(0)} + \boldsymbol{b}^{(1)}), \\
&\text{第2层：} \boldsymbol{x}^{(2)} = \sigma_2(\boldsymbol{W}^{(2)}\boldsymbol{x}^{(1)} + \boldsymbol{b}^{(2)}), \\
&\qquad\vdots \\
&\text{第}l\text{层：} \boldsymbol{x}^{(l)} = \sigma_l(\boldsymbol{W}^{(l)}\boldsymbol{x}^{(l-1)} + \boldsymbol{b}^{(l)})
\end{aligned} \tag{6.6}$$

从上面的式子可以看出，神经网络模型的参数包括每一层的权重矩阵和偏置矩阵，也就是$\boldsymbol{\theta} = \{\boldsymbol{W}^{(1)}, \boldsymbol{b}^{(1)}, \boldsymbol{W}^{(2)}, \boldsymbol{b}^{(2)}, \cdots, \boldsymbol{W}^{(l)}, \boldsymbol{b}^{(l)}\}$，这些参数都是需要学习的，也就是说，我们需要找到一组参数使得神经网络模型的输出尽可能地接近真实值，这个过程就是神经网络的训练过程。与基础的线性模型类似，神经网络也可以通过梯度下降的方法来求解最优参数。

6.6 高级的神经网络模型

通常来说，基于线性模型的神经网络模型已经适用于大部分的强化学习问题。但是对于一些更复杂、更特殊的问题，我们可能需要高级的神经网络模型来解决。这些高级的神经网络模型理论上能够取得更好的效果，但从实践上来看，这些模型在强化学习上的应用并不是很多，因为这些模型的训练过程往往比较复杂，需要调整的参数也比较多，而且有时这些模型的效果并不一定比基础的神经网络模型好很多。

因此，读者在解决实际的强化学习问题时要尽量简化问题，并使用基础的神经网络模型来解决。在这里我们只是简要介绍一些常用的高级神经网络模型，感兴趣的读者可以自行深入了解。

1. 卷积神经网络

卷积神经网络（convolutional neural network，CNN）适用于处理具有网格结构的数据，如图像或时间序列数据等，其在图像处理中应用非常广泛。比如在很多游戏场景中，状态输入都是以图像的形式呈现的，并且图像能够包含更多的信息，这个时候我们就可以使用卷积神经网络来处理这些图像。在使用卷积神经网络的时候，我们需要注意以下几个主要特点。

- 局部感受野：传统的线性神经网络每个节点都与前一层的所有节点相连接。但在卷积神经网络中，我们使用小的局部感受野（例如 3×3 或 5×5 的尺寸），它只与前一层的一个小区域内的节点相连接。这可以减少参数数量，并使得网络能够专注于捕捉局部特征。
- 权重共享：在同一层的不同位置，卷积核的权重是共享的，这不仅大大减少了参数数量，还能帮助网络在图像的不同位置检测同样的特征。
- 池化层：池化层常常被插入连续的卷积层之间，用来减小特征图的尺寸、减少参数数量并提高网络的计算效率。最常见的池化操作是最大池化（max-pooling），它将输入特征图划分为若干个小区域，并输出每个区域的最大值。
- 归一化和随机失活（dropout）：为了优化网络的性能和防止过拟合，可以在网络中添加归一化层（如批量归一化）和随机失活。

2. 循环神经网络

循环神经网络（recurrent neural network，RNN）适用于处理序列数据，是最基础的一类时序网络。在强化学习中，循环神经网络常常被用来处理序列化的状态数据，例如在 Atari 游戏中，我们可以将连续的 4 帧图像作为一个序列输入循环神经网络中，这样一来就能够更好地捕捉到游戏中的动态信息。但是基础的循环神经网络结构很容易产生梯度消失或者梯度爆炸的问题，因此我们通常会使用一些改进的循环神经网络结构，例如 LSTM（long short-term memory，长短期记忆）和 GRU（gated recurrent unit，门控递归单元）等。LSTM 主要通过引入门机制（输入门、遗忘门和输出门）来解决梯度消失的问题，它能够在长序列中维护更长的依赖关系。而 GRU 则是 LSTM 的简化版，它只引入两个门机制（更新门和重置门），并且将记忆单元和隐藏状态合并为一个状态向量，其性能与 LSTM 的相当，但通常其计算效率更高。

还有一种特殊的结构叫作 Transformer。它虽然也是为了处理序列数据而设计的，但却是一个完全不同的结构，不再依赖循环来处理序列，而是使用自注意机制（self-attention mechanism）来同时处理序列中的所有元素。并且 Transformer 的设计特别适合并行计算，可使训练速度更快。自从被提出以后，Transformer 就被广泛应用于自然语言处理领域，例如 BERT 模型以及现在特别流行的 GPT 等模型，感兴趣的读者可深入了解相关知识。

6.7 本章小结

本章主要总结了深度学习中常见的一些网络模型，以及梯度下降方法，读者需要具备相关的深度学习基础，以便于更好地向之后的深度强化学习相关内容过渡。

6.8 练习题

1. 逻辑回归模型与神经网络模型之间有什么联系？
2. 全连接网络、卷积神经网络、循环神经网络分别适用于什么场景？
3. 循环神经网络在反向传播时会比全连接网络慢吗？为什么？

第 7 章　DQN 算法

从本章开始正式进入深度强化学习的部分，我们先从 DQN 算法讲起。DQN，英文全称为 Deep Q-Network，顾名思义，它是在 Q-learning 算法的基础上引入了深度神经网络来近似动作价值函数 Q，从而处理高维的状态空间。DQN 算法主要由 DeepMind 公司在 2013 年[①]和 2015 年[②]分别发表的两篇论文中提出。除了用深度神经网络代替 Q 表格之外，DQN 算法还引入了两个技巧，即经验回放和目标网络，我们将逐一介绍。

7.1　深度神经网络

在第 6 章中，我们已经介绍了深度神经网络的基本知识，一个典型的线性神经网络可将输入$\boldsymbol{x}$通过一系列的线性变换和非线性变换得到输出$\boldsymbol{y}$，注意输入、输出都是向量的形式。而在 Q-learning 算法中，我们是以 Q 表格的形式来实现动作价值函数的，即$Q(\boldsymbol{s},\boldsymbol{a})$，它的输入是状态$\boldsymbol{s}$，输出是所有动作$\boldsymbol{a}$对应的价值。换句话说，两者的形式看起来是十分相似的，那么我们能不能用深度神经网络来近似动作价值函数呢？答案是能。

Q 表格有很多的缺点。例如它只适用于状态和动作空间都是离散的情况，而神经网络就不一样，它可以处理连续的状态空间输入。以走迷宫（二

---

① MNIH V, KAVUKCUOGLU K, SILVER D, et al. Playing Atari with Deep Reinforcement Learning[J]. 2013. DOI:10.48550/arXiv.1312.5602.

② MNIH V, KAVUKCUOGLU K, SILVER D, et al. Human-level control through deep reinforcement learning[J]. Nature, 2015.

维空间）为例，把迷宫的每个位置当作一个状态并用坐标来表示的话，就是 $s_1=(x_1,y_1)=(0,0), s_2=(x_2,y_2)=(1,1)$ 等。如图 7-1 所示，如果用 Q 表格来表示的话，就需要把每个坐标看作不同的状态，如要表示一些更精细的位置，就需要增加新的状态，例如 $s_3=(x_3,y_3)=(0.1,0.2)$。然而我们知道，实际上位置或者坐标的个数是无穷无尽的，尤其是更高维的情况处理起来特别麻烦。

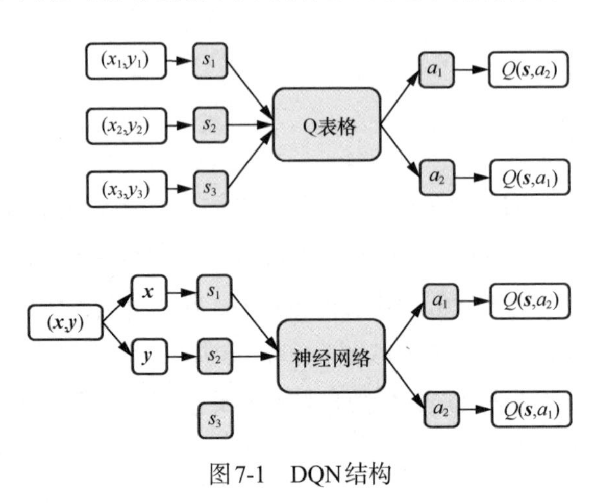

图 7-1　DQN结构

神经网络的输入可以是连续的值，因此只需要把每个维度的坐标看作一个输入，就可以处理高维的状态空间了。换句话说，神经网络只用两个维度的输入就可以表示原来 Q 表格中无穷多个状态，这就是神经网络的优势。因此，在 Q 表格中我们**描述状态空间的时候一般用的是状态个数，而在神经网络中我们用的是状态维度**。当然，神经网络也有缺点，那就是虽然它的输入可以是连续的，但是输出只能是离散的，即它只能适用于离散的动作空间，如果要处理连续的动作空间，就需要用到策略梯度的方法，这个问题我们在后面会详细讲解。

注意，无论是 Q 表格还是 DQN 中的神经网络，它们输出的都是每个动作对应的 Q 值，即预测值，而不是直接输出动作。要想输出动作，就需要额外做一些处理，例如结合贪心算法选择最大 Q 值对应的动作等，这就是我们一直强调的控制过程。

虽然用神经网络替代 Q 表格看起来很容易，但是实际上多了一个额外的参数，即神经网络的参数 θ，因此在深度强化学习中 Q 函数通常表示为 $Q_\theta(\boldsymbol{s},\boldsymbol{a})$，此时就需要我们用梯度下降的方法来求解。具体该怎么结合梯度下降来更新 Q

函数的参数呢？我们回顾一下 Q-learning 算法的更新公式，如式 (7.1) 所示，其中Q'表示目标网络。

$$Q(s_t,a_t) \leftarrow Q(s_t,a_t) + \alpha[r_t + \gamma \max_a Q'(s_{t+1},a) - Q(s_t,a_t)] \tag{7.1}$$

我们注意到公式右边两项$r_t + \gamma \max_a Q'(s_{t+1},a)$和$Q(s_t,a_t)$分别表示期望的 Q 值（估计值）和实际的 Q 值，其中预测的 Q 值是用目标网络中下一个状态对应 Q 值的最大值来近似的。换句话说，在更新Q值并达到收敛的过程中，期望的 Q 值也应该接近实际的 Q 值，即我们希望最小化$r_t + \gamma \max_a Q'(s_{t+1},a)$和$Q(s_t,a_t)$之间的损失，其中$\alpha$是学习率。这里的公式跟深度学习中梯度下降法优化参数的公式有一些区别（比如增加了γ和r_t等参数）。

从这个角度来看，强化学习和深度学习的训练方式其实是相似的，不同的地方在于强化学习用于训练的样本（包括状态、动作和奖励等）是与环境实时交互得到的，而深度学习则使用事先准备好的训练集。当然训练方式类似并不代表强化学习和深度学习之间的区别就很小，从本质上来说，强化学习和深度学习解决的问题是完全不同的，前者用于解决序列决策问题，后者用于解决静态问题，例如回归、分类、识别等。

在 Q-learning 算法中，我们是直接优化 Q 值的，而在 DQN 中使用神经网络来近似 Q 函数，我们则需要优化网络模型对应的参数θ，如式 (7.2) 所示。

$$\begin{gathered}
y_i = \begin{cases} r_i & \text{对于终止状态} s_i \\ r_i + \gamma \max_{a'} Q(s_{i+1},a';\theta) & \text{对于非终止状态} s_i \end{cases} \\
L(\theta) = (y_i - Q(s_i,a_i;\theta))^2 \\
\theta_i \leftarrow \theta_i - \alpha \nabla_{\theta_i} L_i(\theta_i)
\end{gathered} \tag{7.2}$$

这里 DQN 算法也是基于 TD 更新的，因此依然需要判断终止状态，在 Q-learning 算法中也有同样的操作。到这里我们已经讲完了 DQN 算法的核心内容，接下来我们介绍一些 DQN 的技巧。

7.2 经验回放

经验回放，有时也称作经验池，实际上是所有异策略算法中都会用到的一个技巧。在介绍经验回放之前，我们先回顾强化学习的训练机制。我们知道，强化学习是先与环境实时交互得到样本然后进行训练的，这个样本一般包括当前的状态s_t、当前动作a_t、下一时刻的状态s_{t+1}、奖励r_{t+1}以及终止状态的标志 done（通常不呈现在公式中），这个样本也叫作一个状态转移（transition），即$(s_t,a_t,s_{t+1},r_{t+1})$。在 Q-learning 算法中，每次交互得到一个样本之后，就立马用于更新策略。

这样的方式用在神经网络中会有一些问题，这跟梯度下降有关。首先，每次用单个样本迭代网络参数很容易导致训练的不稳定，从而影响模型的收敛，在第 6 章中我们讲过小批量梯度下降是目前比较成熟的方式。其次，每次迭代的样本都是与环境实时交互得到的，这样的样本是有关联的，而梯度下降法是基于一个假设的，即训练集中的样本是独立同分布的。

在深度学习中其实是没有这样的问题的。因为训练集是事先准备好的，每次迭代的样本都是从训练集中随机抽取的，因此每次迭代的样本都是独立同分布的。

换句话说，直接用 Q-learning 算法训练的方式来更新 DQN 的模型相当于使用了原始的梯度下降方式，这与目前比较成熟的小批量梯度下降方式相比还有一定的差距，因此我们需要进行一些处理来达到相同的效果，这就是经验回放的实现初衷。

如图 7-2 所示，Q-learning 算法训练的方式就是把每次与环境交互一次得到的样本直接输入网络中训练。而在 DQN 中，我们会把每次与环境交互得到的样本都缓存在经验回放中，然后每次从经验回放中随机抽取一批样本来训练网络。

这样做的好处是，首先，每次迭代的样本都是从经验回放中随机抽取的，因此每次迭代的样本都是独立同分布的，这样就满足了梯度下降法的假设；其次，经验回放中的样本是与环境实时交互得到的，因此每次迭代的样本都是相互关联的，这样的方式相当于对每次迭代的样本都进行打乱的操作，能够有效地避免训练的不稳定。

当然，与深度学习不同的是，经验回放是有一定的容量限制的。这本质上是因为在深度学习中我们使用的样本都是事先准备好的，即都是很好的样本。但是在强化学习中，样本是由智能体生成的，在训练初期智能体生成的样本虽然能够帮助它朝着更好的方向收敛，但是在训练后期这些前期产生的样本相对来说质量不是很好，此时把这些样本输入智能体的深度神经网络中进行更新反而会影响其稳定。

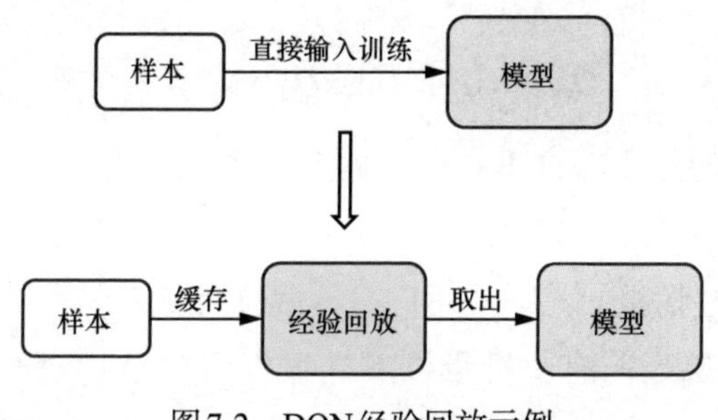

图 7-2　DQN 经验回放示例

举个例子，我们在小学时积累的经验，在长大之后很有可能就变得不是很适用了，因此经验回放的容量不能太小，太小会导致搜集到的样本具有一定的局限性；也不能太大，太大会失去经验本身的意义。

7.3　目标网络

在 DQN 算法中还有一个重要的技巧，即使用一个每隔若干步才更新的目标网络。这个技巧其实借鉴了 Double DQN 算法的思路，具体会在第 8 章介绍。如图 7-3 所示，目标网络结构和当前网络结构都是相同的，都用于近似 Q 值，在实践中每隔若干步才把每步更新的当前网络参数复制给目标网络，这样做的好处是保证训练的稳定，避免 Q 值的估计发散。

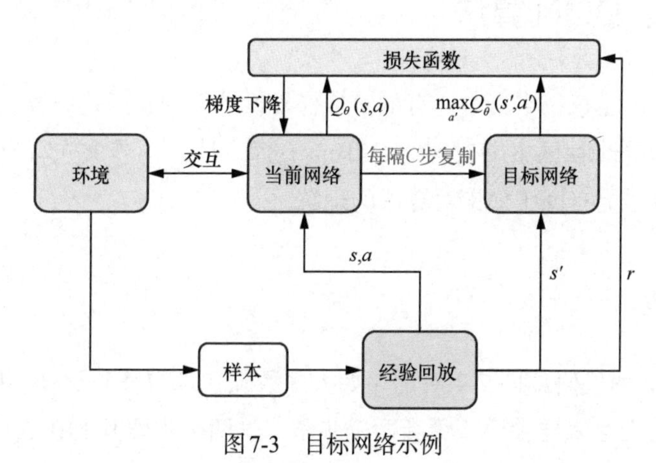

图 7-3　目标网络示例

同时在计算损失函数的时候，使用的是目标网络来计算期望的 Q 值，如式 (7.3) 所示。

$$Q_{期望} = [r_t + \gamma \max_{a'} Q_{\bar{\theta}}(s', a')] \tag{7.3}$$

对于目标网络的作用，这里举一个典型的例子来说明。目标网络好比皇帝，而当前网络相当于皇帝手下的大臣，皇帝在做一些决策时往往不急着下定论，会让大臣们先搜集一些情报，然后集思广益再做决策。

换句话说，如果当前有小批量样本导致模型对 Q 值进行了较差的过估计，且接下来从经验回放中提取到的样本正好连续几个都这样，则这很有可能导致 Q 值的发散。

再如，我们玩 RPG（role-playing game，角色扮演游戏）或者闯关类游戏时，有些人为了破纪录经常存档（save）和回档（load）。这种方法简称为“SL”方法，即只要出了错、不满意就加载之前的存档。假设不允许加载呢？就像 DQN 算法一样训练过程中无法回退，这时候是不是搞两个档，其中一个档每帧都存一下，另外一个档打了不错的结果再存，也就是图 7-3 中描述的每隔 C 步保存，到最后用间隔若干步数再存的档一般都比每帧都存的档好些。当然我们也可以保存更多个档，也就是增加多个目标网络，但是对于 DQN 算法来说没有太大必要，因为多几个目标网络，效果不见得会好很多。

到这里我们基本讲完了 DQN 算法的内容，可以直接进入实战了。

7.4 实战：DQN 算法

请读者再次注意，本书中所有的实战仅提供核心内容的代码以及说明，完整的代码请参考异步社区本书对应的 GitHub 仓库。读者须养成先写出伪代码再编程的习惯，这样更有助于加深对算法的理解。

7.4.1 伪代码

DQN 算法伪代码如图 7-4 所示，如大多数强化学习算法那样，DQN 算法的训练过程分为交互采样和模型更新两个步骤，这两个步骤其实在 6.1 节中就已经给出示例了。其中交互采样的目的就是与环境交互并产生样本，模型更新则是利用得到的样本来更新相关的网络参数，更新方式涉及每个强化学习算法的核心。

DQN 算法

1: 初始化当前网络参数 θ
2: 复制参数到目标网络 $\hat{\theta} \leftarrow \theta$
3: 初始化经验回放 D
4: **for** 回合数 $= 1, M$ **do**
5: 　重置环境，获得初始状态 s_0
6: 　**for** 时步 $t = 1, T$ **do**
7: 　　**交互采样：**
8: 　　根据 ε-greedy 策略采样动作 a_t
9: 　　环境根据 a_t 反馈奖励 r_t 和下一个状态 s_{t+1}
10: 　　存储样本 (s_t, a_t, r_t, s_{t+1}) 到经验回放 D 中
11: 　　更新环境状态 $s_{t+1} \leftarrow s_t$
12: 　　**模型更新：**
13: 　　从 D 中随机采样一个批量的样本
14: 　　计算 Q 的期望值，即 $y_i = r_t + \gamma \max_{a_{i+1}} Q(s_{i+1}, a; \hat{\theta})$
15: 　　计算损失 $L(\theta) = (y_i - Q(s_i, a_i; \theta))^2$，并关于参数 θ 做随机梯度下降
16: 　　每 C 步复制参数到目标网络 $\hat{\theta} \leftarrow \theta$
17: 　**end for**
18: **end for**

图 7-4 DQN算法伪代码

与 Q-learning 算法不同的是，DQN 算法采用了神经网络，因此会多一个计算损失函数并进行反向传播的步骤，即梯度下降。在 DQN 算法中，我们需要定义当前网络、目标网络和经验回放等要素，这些都可以看作算法的一个模型，因此接下来我们分别用一个 Python 类来定义它们。

7.4.2 定义模型

定义模型就是定义两个神经网络，即当前网络和目标网络，由于这两个网络结构相同，这里我们只用一个 Python 类来定义，如代码清单 7-1 所示。

代码清单 7-1 定义一个全连接网络

```
class MLP(nn.Module):
    def __init__(self, input_dim,output_dim,hidden_dim=128):
        """ 初始化Q网络，为全连接网络
```

```
        input_dim: 输入的特征数，即环境的状态维度
        output_dim: 输出的动作维度
    """
    super(MLP, self).__init__()
    self.fc1 = nn.Linear(input_dim, hidden_dim) # 输入层
    self.fc2 = nn.Linear(hidden_dim,hidden_dim) # 隐藏层
    self.fc3 = nn.Linear(hidden_dim, output_dim) # 输出层

def forward(self, x):
    # 各层对应的激活函数
    x = F.relu(self.fc1(x))
    x = F.relu(self.fc2(x))
    return self.fc3(x)
```

这里我们定义了一个 3 层的全连接网络，输入维度就是状态数，输出维度就是动作数，中间的隐藏层采用常用的 ReLU 激活函数。这里我们用 PyTorch 的 Module 类来定义网络，这是 PyTorch 的特性，所有网络都必须继承这个类。在 PyTorch 中，我们只需要定义网络的前向传播，即 forward 函数，反向传播的过程 PyTorch 会自动完成，这也是 PyTorch 的特性。注意，由于我们在本次实战中要解决的问题并不复杂，因此定义的网络模型也比较简单，读者可以根据自己的需求定义更复杂的网络结构，例如增加网络的层数和隐藏层的维度等。

7.4.3 经验回放

经验回放的作用比较简单，主要实现缓存样本和取出样本两个功能，如代码清单 7-2 所示。

代码清单 7-2 定义经验回放

```
class ReplayBuffer:
    def __init__(self, capacity):
        self.capacity = capacity # 经验回放的容量
        self.buffer = [] # 缓冲区
        self.position = 0
    def push(self, state, action, reward, next_state, done):
        ''' 缓冲区是一个队列
```

```
        '''
        if len(self.buffer) < self.capacity:
            self.buffer.append(None)
        self.buffer[self.position] = (state, action, reward, next_state,
done)
        self.position = (self.position + 1) % self.capacity

    def sample(self, batch_size):
        ''' 采样
        '''
        batch = random.sample(self.buffer, batch_size) # 随机采取小批量样本
        state, action, reward, next_state, done =  zip(*batch) # 将其解压成状
态、动作等
        return state, action, reward, next_state, done

    def __len__(self):
        ''' 返回当前存储的量
        '''
        return len(self.buffer)
```

当然，经验回放的实现方式有很多种，这里只提供一个参考。在“JoyRL”代码仓库中，我们提供了一个使用 Python 队列实现的经验回放，读者可以参考相关源码。

7.4.4　定义智能体

智能体即策略的载体，有时候也会被称为策略。智能体的主要功能就是根据当前状态输出动作和更新策略，分别跟伪代码中的交互采样和模型更新过程对应。我们会把所有的模块（比如网络模型等）都封装到智能体中，这样更符合伪代码的逻辑。而在“JoyRL”代码仓库中，有更泛用的代码架构，感兴趣的读者可以参考相关源码。

如代码清单 7-3 所示，两个网络就是前面所定义的全连接网络，输入为状态维度，输出则是动作维度。这里我们还定义了一个优化器，用来更新策略参数。DQN 算法中的采样动作和预测动作跟 Q-learning 算法中的是一样的，其中采样

动作使用的是ε-greedy策略，便于在训练过程中探索，而测试只需要检验模型的性能，因此不需要探索，只需要单纯进行argmax预测即可，即选择最大Q值对应的动作。

代码清单 7-3 定义智能体

```
class Agent:
    def __init__(self):
        # 定义策略网络
        self.policy_net = MLP(n_states,n_actions).to(device)
        # 定义目标网络
        self.target_net = MLP(n_states,n_actions).to(device)
        # 将策略网络参数复制到目标网络中
        self.target_net.load_state_dict(self.policy_net.state_dict())
        # 定义优化器
        self.optimizer = optim.Adam(self.policy_net.parameters(), lr=
learning_rate)
        # 经验回放
        self.memory = ReplayBuffer(buffer_size)
        self.sample_count = 0  # 记录采样步数
    def sample_action(self,state):
        self.sample_count += 1
        # ε随着采样步数增加而衰减
        self.epsilon = self.epsilon_end + (self.epsilon_start - self.
epsilon_end) * math.exp(-1. * self.sample_count / self.epsilon_decay)
        if random.random() > self.epsilon:
            with torch.no_grad(): # 不使用梯度
                state = torch.tensor(np.array(state), device=self.device,
dtype=torch.float32).unsqueeze(dim=0)
                q_values = self.policy_net(state)
                action = q_values.max(1)[1].item()
        else:
            action = random.randrange(self.n_actions)
    def predict_action(self,state):
        with torch.no_grad():
            state = torch.tensor(np.array(state), device=self.device, dtype=
torch.float32).unsqueeze(dim=0)
            q_values = self.policy_net(state)
```

```
        action = q_values.max(1)[1].item()
    return action
def update(self):
    pass
```

DQN 算法更新本质上跟 Q-learning 算法更新的区别不大，但考虑到读者可能是第一次接触深度学习的实现方式，这里单独分析 DQN 算法的更新策略，如代码清单 7-4 所示。

代码清单 7-4　定义 DQN 算法更新策略

```
def update(self, share_agent=None):
    # 当经验回放中样本数小于更新的批量大小时，不更新算法
    if len(self.memory) < self.batch_size:
        return
    # 从经验回放中采样
    state_batch, action_batch, reward_batch, next_state_batch, done_batch = 
self.memory.sample(
        self.batch_size)
    # 转换成张量(便于GPU计算)
    state_batch = torch.tensor(np.array(state_batch), device=self.device, 
dtype=torch.float)
    action_batch = torch.tensor(action_batch, device=self.device).
unsqueeze(1)
    reward_batch = torch.tensor(reward_batch, device=self.device, dtype=
torch.float).unsqueeze(1)
    next_state_batch = torch.tensor(np.array(next_state_batch), device=self.
device, dtype=torch.float)
    done_batch = torch.tensor(np.float32(done_batch), device=self.device).
unsqueeze(1)
    # 计算Q值的实际值
    q_value_batch = self.policy_net(state_batch).gather(dim=1, index=action_
batch) # shape(batchsize,1),requires_grad=True
    # 计算Q值的估计值
    next_max_q_value_batch = self.target_net(next_state_batch).max(1)[0].
detach().unsqueeze(1)
    expected_q_value_batch = reward_batch + self.gamma * next_max_q_value_
batch* (1-done_batch)
```

```
# 计算损失
loss = nn.MSELoss()(q_value_batch, expected_q_value_batch)
# 梯度清零，避免在下一次反向传播时重复累加梯度而出现错误
self.optimizer.zero_grad()
# 反向传播
loss.backward()
# 避免梯度爆炸
for param in self.policy_net.parameters():
   param.grad.data.clamp_(-1, 1)
# 更新优化器
self.optimizer.step()
# 每C(target_update)步更新目标网络
if self.sample_count % self.target_update == 0:
   self.target_net.load_state_dict(self.policy_net.state_dict())
```

由于这里是小批量随机梯度下降，所以当经验回放不满足批量大小时选择不更新，这实际上是工程性问题。在更新时我们取出样本，并将其转换成 Torch 的张量，便于我们用 GPU（graphics processing unit，图形处理单元）计算。接着计算 Q 值的实际值和估计值，并得到损失函数。在得到损失函数并更新参数后，代码有一个固定的写法，即梯度清零、反向传播和更新优化器，这跟在深度学习中的写法是一样的，最后我们需要定期更新目标网络，这里有一个超参数 target_update，需要读者根据经验调试。

7.4.5 定义环境

由于我们在 Q-learning 算法中已经讲过怎么定义训练和测试过程，所有强化学习算法的训练过程基本上都是通用的，因此我们在这里及之后不赘述。虽然我们在 DQN 算法中使用了跟 Q-learning 算法中不一样的环境，但这两个环境都源自 OpenAI Gym 平台，下面我们简单介绍一下这个平台上的一个环境——CartPole，中文译为推车杆游戏。如图 7-5 所示，我们的目标是持续左右推动保持倒立的杆一直不倒。

图7-5　CartPole环境

环境的状态数是 4，动作数是 2。有的读者可能会感到奇怪，这不比 Q-learning 算法中的 CliffWalking-v0 环境（状态数是 48，动作数是 2）简单吗，直接用 Q-learning 算法就能解决？实际上是不能的，因为 CartPole 的状态包括推车的位置（范围是 –4.8 ~ 4.8）、速度（范围是 $-\infty \sim +\infty$）、杆的角度（范围是 –24° ~ 24°）和角速度（范围是 $-\infty \sim +\infty$），这几个状态都是连续的值，也就是前面所说的连续状态空间，因此用 Q-learning 算法是很难解决的。

环境的奖励设置是每个时步下能维持杆不倒就给 +1 的奖励，因此理论上在最优策略下这个环境是没有终止状态的，因为最优策略下可以一直保持杆不倒。回忆前面讲的基于 TD 的算法都必须要求环境有一个终止状态，所以在这里我们可以设置环境的最大步数，比如我们认为如果能在 200 个时步以内保持杆不倒就近似说明学习到了一个不错的策略。

7.4.6 设置参数

定义好智能体和环境之后就可以开始设置参数了，如代码清单 7-5 所示。

代码清单 7-5　设置训练参数

```
self.epsilon_start = 0.95  # ε 起始值
self.epsilon_end = 0.01  # ε 终止值
self.epsilon_decay = 500  # ε 衰减率
self.gamma = 0.95  # 折扣因子
self.lr = 0.0001  # 学习率
self.buffer_size = 100000  # 经验回放容量
self.batch_size = 64  # 批量大小
self.target_update = 4  # 目标网络更新频率
```

与 Q-learning 算法相比，除了 ε、折扣因子以及学习率之外多了 3 个超参数，即经验回放容量、批量大小和目标网络更新频率。注意，学习率在更复杂的环境中一般会设置得比较小，经验回放容量是一个经验性的参数，根据实际情况适当调大即可，不需要额外花太多时间调整。批量大小也比较固定，一般从 64、128、256、512 中取值，目标网络更新频率会影响智能体学习的速度，但一般不会导致学习失败。总之，DQN 算法相对来说是深度强化学习的一个稳定且基础的算法，只要适当调整学习率，就能让智能体学习到一定的策略。

最后展示一下 DQN 算法训练曲线和测试曲线，分别如图 7-6 和图 7-7 所示。

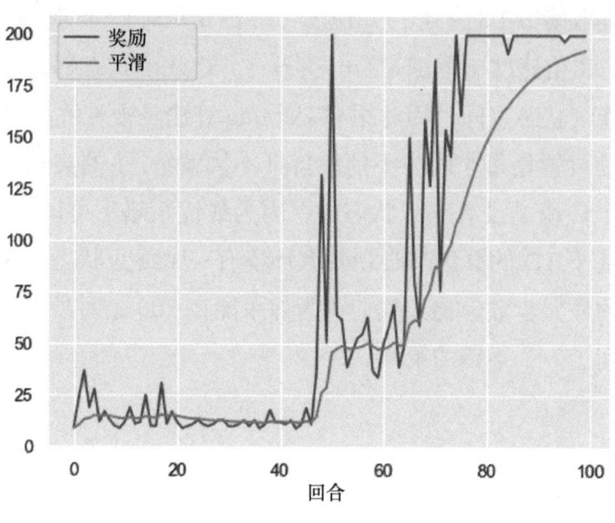

图 7-6　DQN 算法训练曲线

其中该环境每回合的最大步数是 200，对应的最大奖励也是 200，从图 7-6 和图 7-7 中可以看出，智能体确实学到了一个最优的策略，即达到收敛。

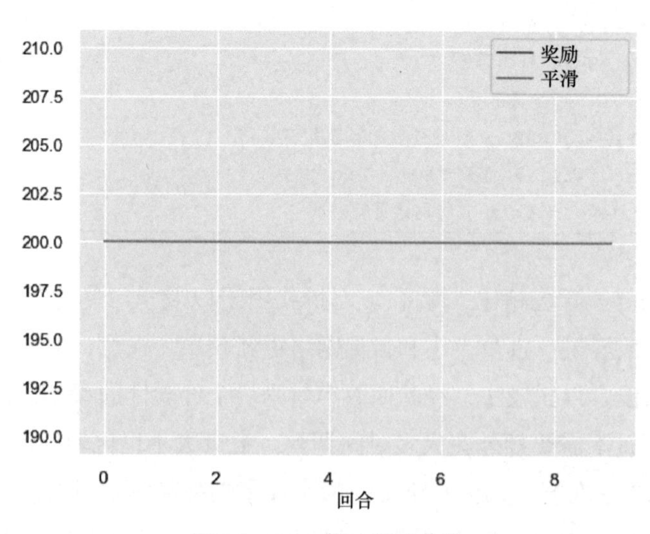

图 7-7　DQN 算法测试曲线

7.5　本章小结

本章主要讲解了深度强化学习中较为基础的 DQN 算法，相比于 Q-learning 算法，除了用神经网络来替代 Q 表格这项改进之外，DQN 算法还有经验回放、目标网络等技巧，它们主要可以解决引入神经网络带来的局部最小值问题。最后，我们利用 PyTorch 框架实现了 DQN 算法并取得了不错的效果。由于从本章开始所有的强化学习算法都是基于深度神经网络的，因此对于深度学习基础不扎实的读者来说，还需要先学习相关基础知识。

7.6　练习题

1. 相比于 Q-learning 算法，DQN 算法做了哪些改进？
2. 为什么要在 DQN 算法中引入 ε -greedy 策略？
3. DQN 算法为什么要引入目标网络？
4. 经验回放的主要作用是什么？

第 8 章　DQN 算法进阶

本章将介绍一些基于 DQN 算法改进的算法。这些算法改进的角度各有不同，例如 Double DQN 以及 Dueling DQN 等算法主要从网络模型角度改进，而 PER DQN 算法则从经验回放的角度改进。这些算法虽然看起来各有不同，但是本质上都是通过提高预测的精度和控制过程中的探索度来改善 DQN 算法的性能的。并且这些算法用到的技巧也都是通用的，读者可以根据自己的需求进行灵活的组合。

8.1 Double DQN 算法

Double DQN 算法① 是 DeepMind 在 2015 年 2 月发表的一篇论文中提出的，其主要贡献是通过引入两个网络来解决 Q 值的过估计（overestimate）的问题。注意，这里的两个网络其实跟前面 DQN 算法的目标网络是类似的，读者可能会产生混淆。

实际上它们之间的关系是这样的，我们知道 DQN 的两个版本分别于 2013 年和 2015 年提出，后者就是目前较为成熟的 Nature DQN 版本，前者就是单纯在 Q-learning 算法基础上引入了深度神经网络而没有额外的技巧。而在两个版本之间 Double DQN 算法被提出，因此 Nature DQN 在发表时也借鉴了 Double DQN 的思想，所以才会有目标网络的概念。尽管如此，Double DQN 算法仍然有其独

① HASSELT H V, GUEZ A, SILVER D. Deep Reinforcement Learning with Double Q-learning[J]. 2015. DOI:10.48550/arXiv.1509.06461.

特的地方，因此我们还是将其单独介绍。

先回顾一下 DQN 算法的更新公式，如式 (8.1) 所示。

$$Q_\theta(s_t,a_t) \leftarrow Q_\theta(s_t,a_t) + \alpha[r_t + \gamma \max_a Q_{\hat{\theta}}(s_{t+1},a_{t+1}) - Q_\theta(s_t,a_t)] \tag{8.1}$$

其中 $y_t = r_t + \gamma \max_a Q_{\hat{\theta}}(s_{t+1},a_{t+1})$ 是估计值，注意这里的 $Q_{\hat{\theta}}$ 指的是目标网络。式 (8.1) 的意思就是直接用目标网络中各个动作对应的最大 Q 值来当作估计值，这样一来就会存在过估计的问题。为了解决这个问题，Double DQN 算法提出了一个很简单的思路，就是先在当前网络中找出最大 Q 值对应的动作，然后将这个动作代入目标网络中计算 Q 值，如式 (8.2) 所示。

$$a_\theta^{\max}(s_{t+1}) = \arg\max_a Q_\theta(s_{t+1},a) \tag{8.2}$$

接着将这个找出来的动作代入目标网络中计算目标的 Q 值，进而计算估计值，如式 (8.3) 所示。

$$y_t = r_t + \gamma \max_a Q_{\hat{\theta}}(s_{t+1}, a_\theta^{\max}(s_{t+1})) \tag{8.3}$$

这样做相当于把动作选择和动作估计这两个过程分离开，从而缓解了过估计问题。为了方便读者理解，我们用皇帝与大臣的例子来说明为什么 Double DQN 算法能够估计得更准确。我们知道在 Nature DQN 算法中策略网络直接与环境交互相当于大臣搜集情报，定期更新参数到目标网络的过程相当于大臣向皇帝汇报然后皇帝做出最优决策。

对于 Nature DQN 算法，不管是好的还是坏的情报，大臣都会汇报给皇帝；而对于 Double DQN 算法，大臣会根据自己的判断将自己认为最优的情报汇报给皇帝，即先在策略网络中找出最大 Q 值对应的动作。这样一来皇帝得到的情报就更加精简并且质量更高，从而能够做出更好的判断和决策，也就是估计得更准确。

注意，虽然 Double DQN 算法和 Nature DQN 算法都用了两个网络，但实际上两者的训练方式是略有不同的。Double DQN 并不是每隔 C 步复制参数到目标网络，而是每次随机选择其中一个网络、选择动作进行更新。假设两个网络分别为 Q^{A} 和 Q^{B}，那么在更新 Q^{A} 的时候就把 Q^{B} 当作目标网络估计动作值，同时 Q^{A} 也是用来选择动作的，如式 (8.4) 所示，反之，更新 Q^{B} 时可以把 Q^{A} 当作目标网络，Q^{B} 用来选择动作。

$$
\begin{aligned}
&a^{*}=\arg\max_{a} Q^{\mathrm{A}}(s_t,a) \\
&Q^{\mathrm{A}}(s_t,a) \leftarrow Q^{\mathrm{A}}(s_t,a)+\alpha[r_t+\gamma Q^{\mathrm{B}}(s_{t+1},a^{*})-Q^{\mathrm{A}}(s_t,a)]
\end{aligned} \tag{8.4}
$$

但这种训练方式的效果跟单纯每隔 C 步复制参数到目标网络的方式差不多，而且后者更加简单，因此实践中一般都采用后者。

8.2 Dueling DQN 算法

在 Double DQN 算法中我们是通过改进目标 Q 值的计算方法来优化算法的，而在 Dueling DQN 算法[①]中则是通过优化神经网络的结构来优化算法的。

回顾我们在 DQN 算法中所使用的最基础的网络结构，如图 8-1 所示，它是一个全连接网络，包含一个输入层、一个隐藏层和一个输出层。输入层的维度为状态的维度，输出层的维度为动作的维度。

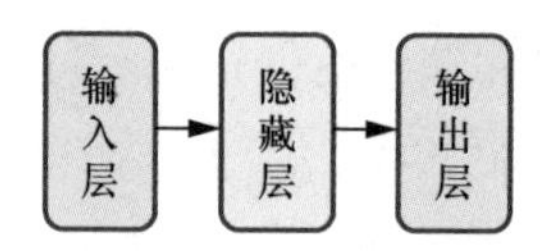

图 8-1 DQN 结构

而 Dueling DQN 算法中则是在输出层之前分流出两个层，如图 8-2 所示。其中一个是优势层（advantage layer），用于估计每个动作带来的优势，输出维度为动作数；另一个是价值层（value layer），用于估计每个状态的价值，输出维度为 1。

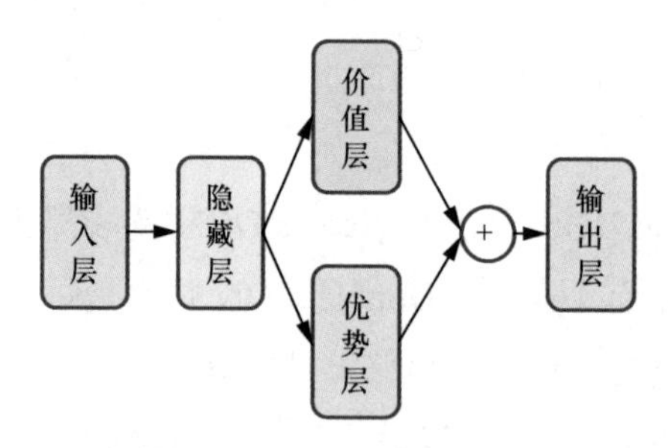

图 8-2 Dueling DQN 结构

① WANG Z, SCHAUL T, HESSEL M, et al. Dueling Network Architectures for Deep Reinforcement Learning[J]. 2015. DOI: 10.48550/arXiv.1511.06581.

在 DQN 算法中我们用$Q_{\theta}(\boldsymbol{s},\boldsymbol{a})$表示一个 Q 网络，而在这里优势层可以表示为$A_{\theta,\alpha}(\boldsymbol{s},\boldsymbol{a})$，这里$\theta$表示共享隐藏层的参数，$\alpha$表示优势层的参数；相应地，价值层可以表示为$V_{\theta,\beta}(\boldsymbol{s})$，其中$\beta$是价值网络层的参数，包含一部分优势层的参数，表示用价值层的这部分来估计对应动作的优势是否合理。这样 Dueling DQN 算法中网络结构可表示为式 (8.5) 。

$$Q_{\theta,\alpha,\beta}(\boldsymbol{s},\boldsymbol{a})=A_{\theta,\alpha}(\boldsymbol{s},\boldsymbol{a})+V_{\theta,\beta}(\boldsymbol{s}) \tag{8.5}$$

若去掉价值层及优势层，就是普通的Q网络结构，另外我们会对优势层做中心化处理，即减掉均值，如式 (8.6) 所示。

$$Q_{\theta,\alpha,\beta}(\boldsymbol{s},\boldsymbol{a})=\left(A_{\theta,\alpha}(\boldsymbol{s},\boldsymbol{a})-\frac{1}{\mathcal{A}}\sum_{a\in\mathcal{A}}A_{\theta,\alpha}(\boldsymbol{s},\boldsymbol{a})\right)\mp V_{\theta,\beta}(\boldsymbol{s}) \tag{8.6}$$

其中，$\mathcal{A}$指动作。其实 Dueling DQN 的网络结构跟我们后面要讲的 Actor-Critic 算法的网络结构是类似的，这里优势层相当于 Actor，价值层相当于 Critic，不同的是在 Actor-Critic 算法中 Actor 和 Critic 是独立的两个网络，而在 Dueling DQN 算法中优势层和价值层是合在一起的，它们在计算量以及可扩展性方面都完全不同，具体我们会在第 10 章中展开介绍。

总的来讲，Dueling DQN 算法在某些情况下相对于 DQN 是有优势的，因为它分开评估每个状态的价值以及某个状态下采取某个动作的 Q 值。当某个状态下采取一些动作对最终的回报都没有多大影响时，Dueling DQN 结构的优越性就体现出来了。

或者说，它使得目标值更容易计算，因为使用两个单独的网络，我们可以隔离每个网络输出的影响，并且只更新相应的子网络，这有助于降低方差并提高学习鲁棒性。

8.3 Noisy DQN 算法

Noisy DQN 算法 ① 也是通过优化网络结构来提升 DQN 算法的性能的，但与

① FORTUNATO M, AZAR M G, PIOT B, et al. Noisy Networks for Exploration[J]. 2017. DOI:10.48550/arXiv.1706.10295.

Dueling DQN 算法不同的是，它的目的并不是提高 Q 值的估计能力，而是增强网络的探索能力。

在介绍 Q-learning 算法时，我们讲到了探索和利用平衡的问题，常见的 ε-greedy 策略在智能体与环境的交互过程中提升探索能力，以避免局部最优解问题。而在深度强化学习中，深度学习本身也会因为网络模型限制或者梯度下降方法出现局部最优解问题。

也就是说，深度强化学习既要考虑与环境交互过程中的探索能力，也要考虑深度模型本身的探索能力，从而尽量避免陷入局部最优解的困境之中，这也是经常有人会说强化学习比深度学习更难“炼丹”的原因之一。

回归正题，Noisy DQN 算法其实是在 DQN 算法基础上在神经网络中引入噪声层来提高网络性能的，即将随机性应用到神经网络中的参数或者权重，增强 Q 网络对于状态和动作空间的探索能力，从而加快收敛速度和提高稳定性。它在实践上也比较简单，就是通过添加随机性参数到神经网络的线性层，对应的 Q 值则可以表示为 $Q_{\theta+\epsilon}$，注意不要把这里的 ϵ 跟 ε-greedy 策略中的 ε 混淆。它们虽然都读作 epsilon，但 ϵ 是由高斯分布生成的总体分类噪声参数。

8.4 PER DQN 算法

在第 7 章中我们讲到经验回放，从另一个角度来说，经验回放是为了优化深度神经网络中梯度下降的方式，或者网络参数更新的方式。本节要讲的 PER DQN 算法[①] 进一步优化了经验回放的设计，从而提高了模型的收敛能力和鲁棒性。PER 可以翻译为优先经验回放（prioritized experience replay），跟数据结构中的优先队列与普通队列一样，会在采样过程中为经验回放中的样本赋予不同优先级。

具体以什么为依据来为经验回放中的样本赋予不同优先级呢？答案是 TD 误差。TD 误差我们在 4.4 节提到过，其广义的定义是值函数（包括状态价值函数和动作价值函数）的估计值与实际值之差，在 DQN 算法中就是目标网络计算的 Q 值和策略网络（当前网络）计算的 Q 值之差，也就是 DQN 中损失函数的主要

① SCHAUL T, QUAN J, ANTONOGLOU I, et al. Prioritized Experience Replay[J]. 2015. DOI:10.48550/arXiv.1511.05952.

构成部分。

我们每次从经验回放中取出一批样本，用于计算 TD 误差。TD 误差一般是不同的，对于 DQN 反向传播的作用也是不同的。**TD 误差越大，损失函数的值也越大，对于反向传播的作用也就越大**。这样一来，如果 TD 误差较大的样本更容易被取到的话，那么算法也会更加容易收敛。因此我们只需要设计一个经验回放，根据经验回放中的每个样本计算出的 TD 误差赋予对应的优先级，然后在采样的时候取出优先级较大的样本。

原理看似比较简单，但具体如何实现呢？在实践中，我们通常用 SumTree 这样的二叉树结构来实现。建议不太了解数据结构或者二叉树的读者先花十几分钟的时间快速了解一下二叉树的基本概念，比如根节点、叶子节点、父节点与子节点等。

如图 8-3 所示，每个父节点的值等于左、右两个子节点的值之和。在强化学习中，所有的样本只保存在最下面的叶子节点中，并且除了保存样本数据之外，还会保存对应的优先级，即对应叶子节点中的值（例如图中的 31、13、14 以及 8 等，也对应样本的 TD 误差）。并且根据叶子节点的值，我们从 0 开始依次划分采样区间。在采样中，如果根节点值为 66，那么我们就可以在 [0,66) 区间中均匀采样，采样的值落在哪个区间中，就说明对应的样本是我们要采样的样本。例如我们采样了 25 这个值，即对应区间 [0,31)，那么我们就采样到了第一个叶子节点对应的样本。

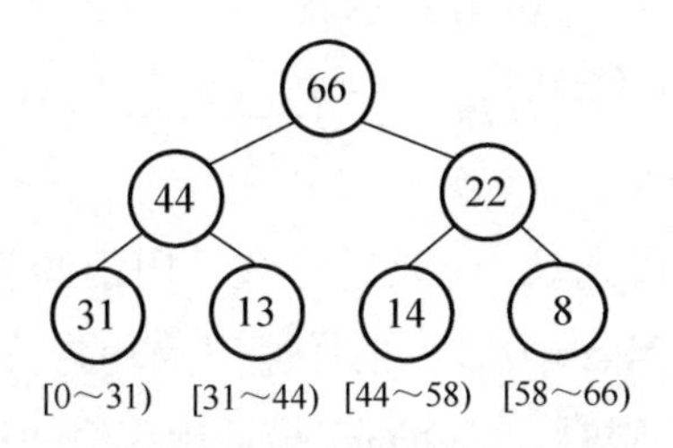

图 8-3　SumTree 结构

注意，第一个样本对应的区间是最长的，这意味着第一个样本的优先级最高，也就是 TD 误差最大；第四个样本对应的区间最短，优先级也最低。这样一来，我们就可以通过采样来实现 PER 的功能。

每个叶子节点的值就是对应样本的 TD 误差（例如图 8-3 中的）。我们可以通过根节点的值来计算出每个样本的 TD 误差占所有样本 TD 误差的比例，这样就可以根据比例来采样样本。在实际的实现中，我们可以将每个叶子节点的值设置为一个元组，其中包含样本的 TD 误差和样本的索引，这样就可以通过索引来找到对应的样本。具体如何用 Python 类来实现 SumTree 结构，读者可以参考 8.8 节的实战内容。

虽然 SumTree 结构可以实现 PER 的功能，但直接使用 TD 误差作为优先级存在一些问题。首先，考虑到算法效率问题，我们在每次更新时不会为经验回放中的所有样本都计算 TD 误差并更新对应的优先级，而是只更新当前取到的一定批量的样本的。这样一来，每次计算的 TD 误差对应之前的网络，而不是当前待更新的网络。

换句话说，如果某批量样本的 TD 误差较小，只能说明它们对于之前的网络来说“信息量”不大，但不能说明对当前的网络来说“信息量”不大，因此单纯根据 TD 误差进行优先采样有可能会错过对当前网络“信息量”更大的样本。此外，若被选中样本的 TD 误差会在当前更新后减小，优先级会降低，下次这些样本就不会被选中，这样来来回回参与计算的都是那几个样本，很容易出现“旱的旱死，涝的涝死”的情况，导致过拟合。

为了解决上面提到的两个问题，我们引入**随机优先级**（stochastic prioritization）采样的技巧。即在每次更新时，不再直接采样 TD 误差最大的样本，而是定义一个采样概率，如式 (8.7) 所示。

$$P(i)=\frac{p_i^\alpha}{\sum_k p_k^\alpha} \tag{8.7}$$

其中，p_i是样本i的优先级，α是超参数，用于调节优先采样的程序，通常其值在 (0,1) 的区间内。当$\alpha=0$时，采样概率为均匀分布；当$\alpha=1$时，采样概率为优先级的线性分布。同时，即使对于最低优先级的样本，我们也不希望它们的采样概率为 0，因此我们可以在优先级上加上一个常数ϵ，即式 (8.8) 。

$$p_i=|\delta_i|+\epsilon \tag{8.8}$$

其中，δ_i是样本i的 TD 误差。当然，我们也可以使用其他的优先级计算方式，如式 (8.9) 所示。

$$p_i = \frac{1}{\text{rank}(i)} \tag{8.9}$$

其中$\text{rank}(i)$是样本i的优先级排名，这种方式也能保证每个样本的采样概率都不为 0，但在实践中，我们更倾向于使用直接增加一个常数ε的方式。

除了随机优先级采样之外，我们还引入了另外一个技巧，在讲解该技巧之前，我们需要简单了解一下**重要性采样**（importance sampling），这个概念在第 12 章介绍的 PPO（proximal policy optimization，近端策略优化）算法中也会用到，读者需要重点掌握。重要性采样是一种用于估计某一分布性质的方法，它的基本思想是，可以在与待估计分布不同的另一个分布中采样，然后通过采样样本的权重来估计待估计分布的性质，数学表达式如式 (8.10) 所示。

$$\begin{aligned}
\mathbb{E}_{x\sim p(x)}[f(x)] &= \int f(x)p(x)\mathrm{d}x \\
&= \int f(x)\frac{p(x)}{q(x)}q(x)\mathrm{d}x \\
&= \int f(x)\frac{p(x)}{q(x)}\frac{q(x)}{p(x)}p(x)\mathrm{d}x \\
&= \mathbb{E}_{x\sim q(x)}\left[\frac{p(x)}{q(x)}f(x)\right]
\end{aligned} \tag{8.10}$$

其中$p(x)$是待估计分布，$q(x)$是采样分布，$f(x)$是待估计分布的性质。在前面我们讲到，每次计算的 TD 误差对应之前的网络，而不是当前待更新的网络。也就是说，我们已经从之前的网络中采样了一批样本，也就是$q(x)$已知，只要找到之前网络分布与当前网络分布的权重$\frac{p(x)}{q(x)}$，就可以利用重要性采样估计当前网络的性质。我们可以定义权重为式 (8.11)。

$$w_i = \left(\frac{1}{N}\frac{1}{P(i)}\right)^{\beta} \tag{8.11}$$

其中，N是经验回放中的样本数量，$P(i)$是样本i的采样概率。同时，为了避免出现权重过大或过小的情况，我们可以对权重进行归一化处理，如式 (8.12) 所示。

$$w_i = \frac{(N \times P(i))^{-\beta}}{\max_j(w_j)} \tag{8.12}$$

注意，我们引入了一个超参数β，用于调节重要性采样的程度。当$\beta = 0$时，重要性采样的权重为 1，即不考虑重要性采样；当$\beta = 1$时，重要性采样的权重为w_i，即完全考虑重要性采样。在实践中，我们希望β从 0 开始，随着训练步数的增加而逐渐增大，以便更好地利用重要性采样，这就是热偏置（annealing the bias）的思想。数学表达式如式 (8.13) 所示。

$$\beta = \min(1, \beta + \beta_{\text{step}}) \tag{8.13}$$

其中，β_{step}是每个训练步数对应的β的增量。在实践中，我们可以将β_{step}设置为一个很小的常数，如 0.0001。这样一来，我们就可以在训练开始时，使用随机优先级采样，以便更快地收敛；在训练后期，使用重要性采样，以便更好地利用经验回放中的样本。

8.5 实战：Double DQN 算法

由于本章介绍的都是基于 DQN 改进的算法，其整体训练方式跟 DQN 的是一样的，也就是说它们的伪代码基本都是一致的，因此在此不赘述，只讲解算法的改进部分。Double DQN 算法跟 DQN 算法的区别在于目标值的计算方式，如代码清单 8-1 所示。

代码清单 8-1 Double DQN 中目标值的计算

```
# 计算当前网络的 Q 值，即 Q(s_t+1|a)
next_q_values = self.policy_net(next_states)
# 计算目标网络的 Q 值，即 Q'(s_t+1|a)
next_target_q_values = self.target_net(next_states)
# 计算 Q'(s_t+1|a=argmax Q(s_t+1|a))
next_target_q_values = next_target_q_values.gather(1, torch.max(next_q_
values, 1)[1].unsqueeze(1))
```

与 DQN 算法相同，可以得到 Double DQN 算法在 CartPole 环境下的训练结果，如图 8-4 所示，完整的代码可以参考本书的代码仓库。

与 DQN 算法的训练曲线对比可以看出，在实践上 Double DQN 算法的效果并不一定比 DQN 算法的效果好，比如在 CartPole 环境下收敛速度反而更慢了，因此读者需要多实践才能摸索并体会到这些算法适用的场景。

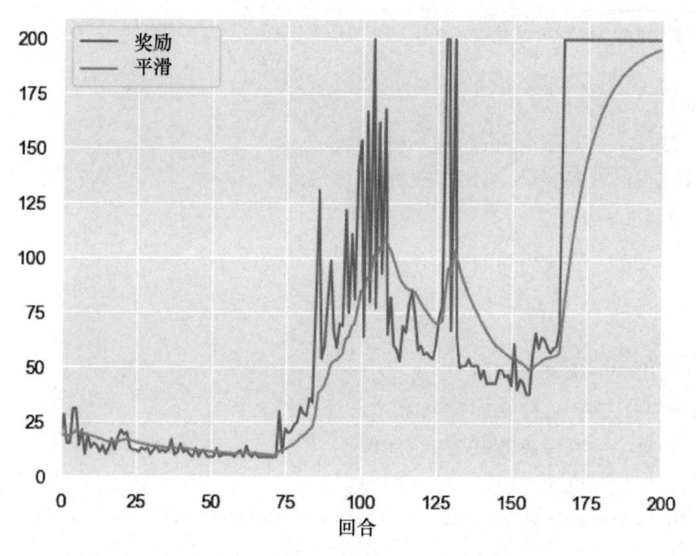

图 8-4　Double DQN 算法在 CartPole 环境下的训练结果

8.6　实战：Dueling DQN 算法

Dueling DQN 算法主要是改进了网络结构，其他地方跟 DQN 算法是一模一样的，如代码清单 8-2 所示。

代码清单 8-2　Dueling DQN 的结构

```
class DuelingQNetwork(nn.Module):
    def __init__(self, state_dim, action_dim,hidden_dim=128):
        super(DuelingQNetwork, self).__init__()
        # 隐藏层
        self.hidden_layer = nn.Sequential(
            nn.Linear(state_dim, hidden_dim),
            nn.ReLU()
        )
        # 优势层
        self.advantage_layer = nn.Sequential(
            nn.Linear(hidden_dim, hidden_dim),
            nn.ReLU(),
```

```
            nn.Linear(hidden_dim, action_dim)
        )
        # 价值层
        self.value_layer = nn.Sequential(
            nn.Linear(hidden_dim, hidden_dim),
            nn.ReLU(),
            nn.Linear(hidden_dim, 1)
        )

    def forward(self, state):
        x = self.hidden_layer(state)
        advantage = self.advantage_layer(x)
        value     = self.value_layer(x)
        return value + advantage - advantage.mean() # Q(s,a) = V(s) + A(s,a)
- mean(A(s,a))
```

最后我们展示一下Dueling DQN算法在CartPole环境下的训练结果，如图8-5所示，完整的代码同样可以参考本书的代码仓库。

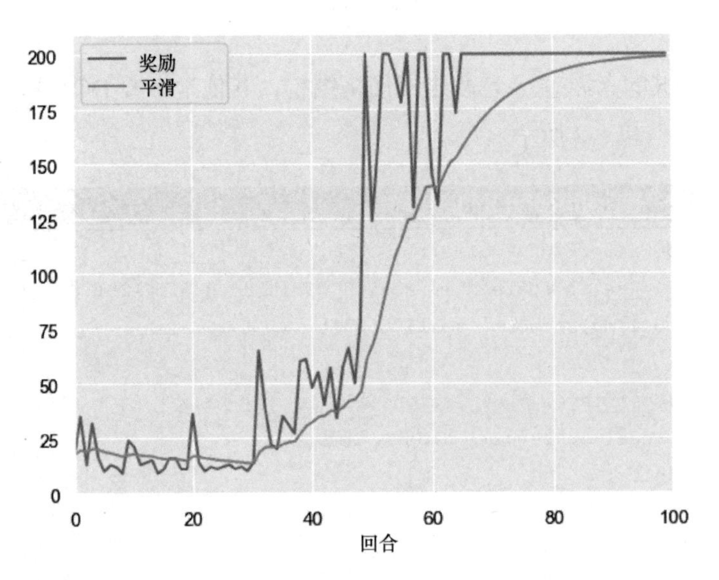

图8-5 Dueling DQN算法在CartPole环境下的训练结果

由于该环境比较简单，暂时还体现不出来Dueling DQN算法的优势，但是在复杂的环境下，比如 Atari 游戏中，Dueling DQN 算法的效果就会比 DQN 算法的效果好很多，读者可以在"JoyRL"代码仓库中找到更复杂的环境下的训练结果，以更好地进行对比。

8.7　实战：Noisy DQN 算法

Noisy DQN 算法的核心思想是将 DQN 算法中的线性层替换成带有噪声的线性层，如代码清单 8-3 所示。

代码清单 8-3　带有噪声的线性层网络

```
class NoisyLinear(nn.Module):
    '''在 Noisy DQN中用 NoisyLinear层替换普通的 nn.Linear层
    '''
    def __init__(self, input_dim, output_dim, std_init=0.4):
        super(NoisyLinear, self).__init__()
        self.input_dim  = input_dim
        self.output_dim = output_dim
        self.std_init   = std_init
        self.weight_mu  = nn.Parameter(torch.empty(output_dim, input_dim))
        self.weight_sigma = nn.Parameter(torch.empty(output_dim, input_dim))
        self.register_buffer('weight_epsilon', torch.empty(output_dim, input_
dim))

        self.bias_mu   = nn.Parameter(torch.empty(output_dim))
        self.bias_sigma = nn.Parameter(torch.empty(output_dim))
        self.register_buffer('bias_epsilon', torch.empty(output_dim))

        self.reset_parameters() # 初始化参数
        self.reset_noise()   # 重置噪声

    def forward(self, x):
        if self.training:
            weight = self.weight_mu + self.weight_sigma * self.weight_epsilon
            bias   = self.bias_mu + self.bias_sigma * self.bias_epsilon
        else:
```

```
        weight = self.weight_mu
        bias   = self.bias_mu
    return F.linear(x, weight, bias)

def reset_parameters(self):
    mu_range = 1 / self.input_dim ** 0.5
    self.weight_mu.data.uniform_(-mu_range, mu_range)
    self.weight_sigma.data.fill_(self.std_init / self.input_dim ** 0.5)
    self.bias_mu.data.uniform_(-mu_range, mu_range)
    self.bias_sigma.data.fill_(self.std_init / self.output_dim ** 0.5)

def reset_noise(self):
    epsilon_in  = self._scale_noise(self.input_dim)
    epsilon_out = self._scale_noise(self.output_dim)
    self.weight_epsilon.copy_(epsilon_out.ger(epsilon_in))
    self.bias_epsilon.copy_(self._scale_noise(self.output_dim))

def _scale_noise(self, size):
    x = torch.randn(size)
    x = x.sign().mul(x.abs().sqrt())
    return x
```

写好 NoisyLinear 层后，我们可以在 DQN 算法中将普通的线性层替换为 NoisyLinear 层，如代码清单 8-4 所示。

代码清单 8-4 带 NoisyLinear 层的全连接网络

```
class NoisyQNetwork(nn.Module):
    def __init__(self, state_dim, action_dim, hidden_dim=128):
        super(NoisyQNetwork, self).__init__()
        self.fc1 =  nn.Linear(state_dim, hidden_dim)
        self.noisy_fc2 = NoisyLinear(hidden_dim, hidden_dim)
        self.noisy_fc3 = NoisyLinear(hidden_dim, action_dim)

    def forward(self, x):
        x = F.relu(self.fc1(x))
        x = F.relu(self.noisy_fc2(x))
        x = self.noisy_fc3(x)
```

```
        return x

    def reset_noise(self):
        self.noisy_fc2.reset_noise()
        self.noisy_fc3.reset_noise()
```

注意，在训练过程中，我们需要在每次更新后重置噪声，这样有助于提高训练的稳定性，更多细节请参考“JoyRL”代码仓库。另外，我们也可以直接利用 torchrl 模块中封装好的 NoisyLinear 层来构建 Noisy Q 网络，这跟我们自己定义的功能是一样的，如代码清单 8-5 所示。

代码清单 8-5　使用 torchrl 模块构建 Noisy Q 网络

```
import torchrl
class NoisyQNetwork(nn.Module):
    def __init__(self, state_dim, action_dim, hidden_dim=128):
        super(NoisyQNetwork, self).__init__()
        self.fc1 =  nn.Linear(state_dim, hidden_dim)
        self.noisy_fc2 = torchrl.NoisyLinear(hidden_dim, hidden_dim,std_
init=0.1)
        self.noisy_fc3 = torchrl.NoisyLinear(hidden_dim, action_dim,std_
init=0.1)

    def forward(self, x):
        x = F.relu(self.fc1(x))
        x = F.relu(self.noisy_fc2(x))
        x = self.noisy_fc3(x)
        return x

    def reset_noise(self):
        self.noisy_fc2.reset_noise()
        self.noisy_fc3.reset_noise()
```

我们同样展示一下它在 CartPole 环境下的训练结果，如图 8-6 所示。

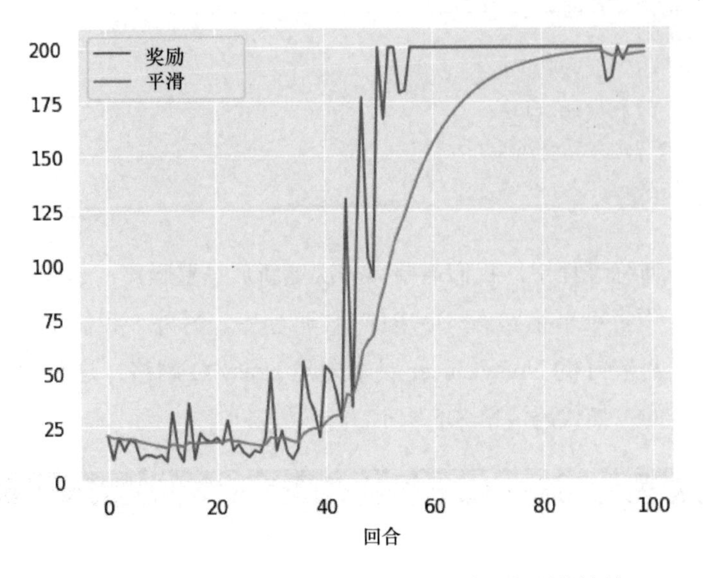

图 8-6　Noisy DQN 算法在 CartPole 环境下的训练结果

8.8　实战：PER DQN 算法

8.8.1　伪代码

PER DQN 算法的核心看起来简单，就是把普通的经验回放改进成 PER，但是实现起来比较复杂，因为我们需要实现一个 SumTree 结构，并且在模型更新的时候需要进行一些额外的操作，因此我们先从伪代码开始编写，如图 8-7 所示。

PER-DQN 算法

1: 初始化当前网络参数 θ
2: 复制参数到目标网络 $\hat{\theta} \leftarrow \theta$
3: 初始化经验回放 D
4: **for** 回合数 $= 1, M$ **do**
5: 　重置环境，获得初始状态 s_0
6: 　**for** 时步 $t = 1, T$ **do**
7: 　　**交互采样：**
8: 　　根据 ε-greedy 策略采样动作 a_t
9: 　　环境根据 a_t 反馈奖励 r_t 和下一个状态 s_{t+1}
10: 　　存储样本 (s_t, a_t, r_t, s_{t+1}) 到经验回放 D 中，并根据 TD 误差损失确定其优先级 p_t

图 8-7　PER DQN 算法伪代码

11: 更新环境状态 $s_{t+1} \leftarrow s_t$
12: **模型更新：**
13: 根据每个样本的优先级计算采样概率 $P(j) = p_j^\alpha / \sum_i p_i^\alpha$，从 D 中采样一个批量的样本
14: 计算各个样本重要性采样权重 $w_j = (N \cdot P(j))^{-\beta} / \max_i w_i$
15: 计算 TD 误差 δ_j；并根据 TD 误差更新优先级 p_j
16: 计算实际的 Q 值，即 y_j
17: 根据重要性采样权重调整损失 $L(\theta) = (y_j - Q(s_j, a_j; \theta) \cdot w_j)^2$，并将其关于参数 θ 做随机梯度下降
18: **end for**
19: 每 C 个回合复制参数 $\hat{Q} \leftarrow Q$
20: **end for**

图 8-7 PER DQN 算法伪代码（续）

8.8.2 SumTree 结构

我们可以先实现 SumTree 结构，如代码清单 8-6 所示。

代码清单 8-6 SumTree 结构

```
class SumTree:
    def __init__(self, capacity):
        self.capacity = capacity
        self.tree = np.zeros(2 * capacity - 1)
        self.data = np.zeros(capacity, dtype=object) # 存储样本
        self.write_idx = 0 # 写入样本的索引
        self.count = 0 # 当前存储的样本数量

    def add(self, priority, exps):
        ''' 添加一个样本到叶子节点，并更新其父节点的优先级
        '''
        idx = self.write_idx + self.capacity - 1 # 样本的索引
        self.data[self.write_idx] = exps # 写入样本
        self.update(idx, priority) # 更新样本的优先级
        self.write_idx = (self.write_idx + 1) % self.capacity # 更新写入样本的索引
        if self.count < self.capacity:
            self.count += 1

    def update(self, idx, priority):
```

```
        ''' 更新叶子节点的优先级，并更新其父节点的优先级
        Args:
            idx (int): 样本的索引
            priority (float): 样本的优先级
        '''
        diff = priority - self.tree[idx] # 优先级的差值
        self.tree[idx] = priority
        while idx != 0:
            idx = (idx - 1) // 2
            self.tree[idx] += diff

    def get_leaf(self, v):
        ''' 根据优先级的值采样对应区间的叶子节点样本
        '''
        idx = 0
        while True:
            left = 2 * idx + 1
            right = left + 1
            if left >= len(self.tree):
                break
            if v <= self.tree[left]:
                idx = left
            else:
                v -= self.tree[left]
                idx = right
        data_idx = idx - self.capacity + 1
        return idx, self.tree[idx], self.data[data_idx]
    def get_data(self, indices):
        return [self.data[idx - self.capacity + 1] for idx in indices]

    def total(self):
        ''' 返回所有样本的优先级之和，即根节点的值
        '''
        return self.tree[0]

    def max_prior(self):
        ''' 返回所有样本的最大优先级
        '''
```

```
        return np.max(self.tree[self.capacity-1:self.capacity+self.write_
idx-1])
```

其中，除了需要存放各个节点的值之外，我们还需要定义一个变量 data，用以存放叶子节点的样本值。此外，add 函数用于添加一个样本到叶子节点，并更新其父节点的优先级；update 函数用于更新叶子节点的优先级，并更新其父节点的优先级；get_leaf 函数用于根据优先级的值采样对应区间的叶子节点样本；get_data 函数用于根据索引获取对应的样本；total 函数用于返回所有样本的优先级之和，即根节点的值；max_prior 函数用于返回所有样本的最大优先级。

8.8.3 PER

基于 SumTree 结构，并结合优先级采样和重要性采样的技巧，实现 PER，如代码清单 8-7 所示。

代码清单 8-7 PER 结构

```
class PrioritizedReplayBuffer:
    def __init__(self, cfg):
        self.capacity = cfg.buffer_size
        self.alpha = cfg.per_alpha # 优先级的指数参数，越大越重要，越小越不重要
        self.epsilon = cfg.per_epsilon # 优先级的最小值，防止优先级为 0
        self.beta = cfg.per_beta # 重要性采样的参数
        self.beta_annealing = cfg.per_beta_annealing # beta的增长率
        self.tree = SumTree(self.capacity)
        self.max_priority = 1.0

    def push(self, exps):
        ''' 添加样本
        '''
        priority = self.max_priority if self.tree.total() == 0 else self.
tree.max_prior()
        self.tree.add(priority, exps)

    def sample(self, batch_size):
```

```
        ''' 采样一个批量样本
        '''
        indices = [] # 采样的索引
        priorities = [] # 采样的优先级
        exps = [] # 采样的样本
        segment = self.tree.total() / batch_size
        self.beta = min(1.0, self.beta  + self.beta_annealing)
        for i in range(batch_size):
            a = segment * i
            b = segment * (i + 1)
            p = np.random.uniform(a, b) # 采样一个优先级
            idx, priority, exp = self.tree.get_leaf(p) # 采样一个样本
            indices.append(idx)
            priorities.append(priority)
            exps.append(exp)
        # 重要性采样, weight = (N * P(i)) ^ (-beta) / max_weight
        sample_probs = np.array(priorities) / self.tree.total()
        weights = (self.tree.count * sample_probs) ** (-self.beta) # 重要性采样
的权重
        weights /= weights.max() # 归一化
        indices = np.array(indices)
        return zip(*exps), indices, weights

    def update_priorities(self, indices, priorities):
        ''' 更新样本的优先级
        '''
        priorities = np.abs(priorities) # 取绝对值
        for idx, priority in zip(indices, priorities):
            # 控制衰减速度, priority = (priority + epsilon) ^ alpha
            priority = (priority + self.epsilon) ** self.alpha
            priority = np.minimum(priority, self.max_priority)
            self.tree.update(idx, priority)
    def __len__(self):
        return self.tree.count
```

我们可以看到，PER 的核心是 SumTree，它可以在 $O(\log N)$ 的时间复杂度内完成添加、更新和采样操作。在实践中，我们可以将经验回放的容量设置为 10^6，

并将 alpha 设置为 0.6、epsilon 设置为 0.01、beta 设置为 0.4、beta_annealing 设置为 0.0001。当然我们也可以利用 Python 队列的方式实现 PER，这样代码会更加简洁，并且在采样的时候减少了 for 循环的操作，更加高效，如代码清单 8-8 所示。

代码清单 8-8　基于 Python 队列实现 PER

```
class PrioritizedReplayBufferQue:
    def __init__(self, cfg):
        self.capacity = cfg.buffer_size
        self.alpha = cfg.per_alpha # 优先级的指数参数，越大越重要，越小越不重要
        self.epsilon = cfg.per_epsilon # 优先级的最小值，防止优先级为 0
        self.beta = cfg.per_beta # 重要性采样的参数
        self.beta_annealing = cfg.per_beta_annealing # beta的增长率
        self.buffer = deque(maxlen=self.capacity)
        self.priorities = deque(maxlen=self.capacity)
        self.count = 0 # 当前存储的样本数量
        self.max_priority = 1.0
    def push(self,exps):
        self.buffer.append(exps)
        self.priorities.append(max(self.priorities, default=self.max_priority))
        self.count += 1
    def sample(self, batch_size):
        priorities = np.array(self.priorities)
        probs = priorities/sum(priorities)
        indices = np.random.choice(len(self.buffer), batch_size, p=probs)
        weights = (self.count*probs[indices])**(-self.beta)
        weights /= weights.max()
        exps = [self.buffer[i] for i in indices]
        return zip(*exps), indices, weights
    def update_priorities(self, indices, priorities):
        priorities = np.abs(priorities)
        priorities = (priorities + self.epsilon) ** self.alpha
        priorities = np.minimum(priorities, self.max_priority).flatten()
        for idx, priority in zip(indices, priorities):
            self.priorities[idx] = priority
    def __len__(self):
        return self.count
```

最后，我们可以将 PER 和 DQN 结合起来，实现一个带有优先级的 DQN 算法，并展示它在 CartPole 环境下的训练结果，如图 8-8 所示。

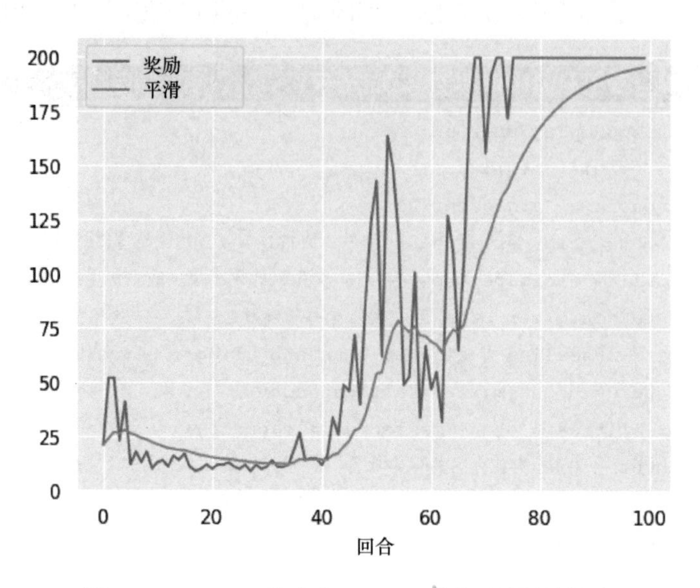

图 8-8　PER DQN 算法在 CartPole 环境下的训练结果

8.9　本章小结

本章主要讲解了一些基于 DQN 的改进算法，这些算法主要用于解决 Q 值的过估计、探索策略差等问题。其中，一些技巧是通用的，例如 Noisy DQN 算法中在神经网络的基础上引入噪声来改善探索策略。读者在学习的过程中，一定要注意技巧的使用方式及其泛用性。

8.10　练习题

1. DQN 算法为什么会产生 Q 值的过估计问题?
2. 同样是提高探索能力，ε-greedy 策略和 Noisy DQN 有什么区别?

第 9 章　策略梯度

本章介绍基于策略（policy-based）的算法，与前面介绍的基于价值（value-based）的算法（包括 DQN 等算法）不同，这类算法直接对策略本身进行近似优化。在这种情况下，我们可以将策略描述成一个带有参数 θ 的连续函数，该函数将某个状态作为输入，输出的不再是某个确定性（deterministic）的离散动作，而是对应的动作概率分布，通常用 $\pi_\theta(a \mid s)$ 表示，它被称作随机性（stochastic）策略。

9.1　基于价值的算法的缺点

虽然以 DQN 算法为代表的基于价值的算法在很多任务上都取得了不错的效果，并且具备较好的收敛性，但是这类算法也存在一些缺点。

- 无法表示连续动作。由于 DQN 等算法是通过学习状态和动作的价值函数来间接指导策略的，因此它们只能解决离散动作空间的问题，无法解决连续动作空间的问题。而在一些问题中，比如机器人的运动控制问题，连续动作空间是非常常见的，如机器人的运动速度、角度等都是连续的量。
- 高方差。基于价值的算法通常通过采样的方式来估计价值函数，这样会导致估计的方差很高，从而影响算法的收敛性。虽然一些 DQN 改进算法通过改进经验回放、目标网络等方式，可以在一定程度上减小方差，但是这些方式并不能完全解决这个问题。
- 探索与利用的平衡问题。DQN 等算法在实现时通常选择贪心的确定性策略，而很多问题的最优策略是随机性策略，即需要以不同的概率选择不同的动作。虽然可以通过ε-greedy策略等来实现一定程度的随机性策略，但是实际上这种方式并不是很理想，因为它并不能很好地平衡探索与利用。

9.2 策略梯度算法

策略梯度算法是一类直接对策略进行优化的算法，但它的优化目标与基于价值的算法的优化目标是一样的，都是累积的价值期望$V^*(s)$。我们通常用π_θ来表示策略，即在状态s下采取动作a的概率分布$p(a|s)$，其中a是我们要求的模型参数。

如图 9-1 所示，我们知道智能体在与环境交互的过程中，首先环境会产生一个初始状态s_0，然后智能体执行相应的动作a_0，环境会转移到下一个状态s_1并反馈一个奖励r_1，智能体再根据当前状态s_1执行动作a_1，以此类推，直到环境转移到终止状态。

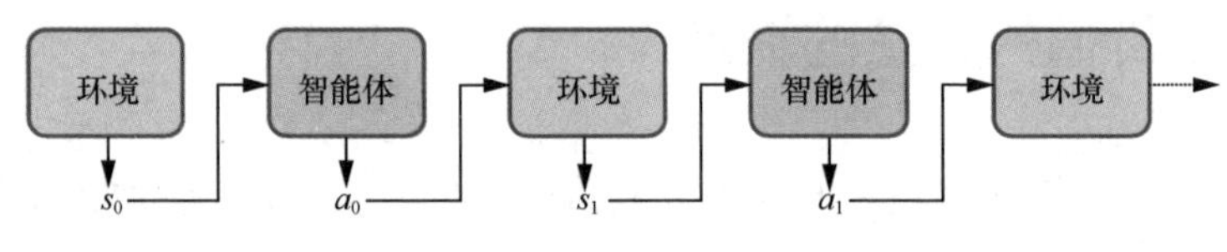

图9-1 轨迹的形成

我们将这个过程称为一个回合，把所有的状态和动作按顺序组合起来，记作τ，称为轨迹（trajectory），如式 (9.1) 所示。

$$\tau=\{s_0,a_0,s_1,a_1,\cdots,s_T,a_T\} \tag{9.1}$$

其中T表示回合的最后一个时步。由于环境初始化是随机的，我们假设产生初始状态s_0的概率为$p(s_0)$，那么在给定策略函数$\pi_\theta(a|s)$的情况下，其实是很容易计算出轨迹τ产生的概率的，它用$P_\theta(\tau)$表示。为了方便读者理解，我们假设有一条很短的轨迹$\tau_0=\{s_0,a_0,s_1\}$，即智能体执行一个动作之后就终止本回合了。

要计算该轨迹产生的概率，我们可以分析一下在这条轨迹产生的过程中出现了哪些概率事件，首先环境初始化产生状态s_0，接着智能体采取动作a_0，然后环境转移到状态s_1，即整个过程有 3 个概率事件，那么根据条件概率的乘法公式，该轨迹出现的概率应该为环境初始化产生状态s_0的概率$p(s_0)$乘智能体采取动作a_0的概率$\pi_\theta(a_0 \mid s_0)$再乘环境转移到状态s_1的概率$p(s_1 \mid s_0, a_0)$，即$P_\theta(\tau_0) = p(s_0)\pi_\theta(a_0 \mid s_0)p(s_1 \mid s_0, a_0)$。以此类推，对于任意轨迹$\tau$，其产生的概率如式 (9.2) 所示。

$$
\begin{aligned}
P_\theta(\tau) &= p(s_0)\pi_\theta(a_0|s_0)p(s_1|s_0,a_0)\pi_\theta(a_1|s_1)p(s_2|s_1,a_1)\cdots \\
&= p(s_0)\prod_{t=0}^{T}\pi_\theta(a_t \mid s_t)p(s_{t+1} \mid s_t, a_t)
\end{aligned}
\tag{9.2}
$$

注意，式 (9.2) 中所有的概率都是大于 0 的，否则也不会产生这条轨迹。前面提到，与基于价值的算法的优化目标一样，策略梯度算法的优化目标也是每回合的累积奖励期望，即我们通常讲的回报。我们将环境在每一个状态和动作下产生的奖励记作一个函数$r_{t+1} = r(s_t, a_t)$，那么对于一条轨迹τ来说，对应的累积奖励为$R(\tau) = \sum_{t=0}^{T} r(s_t, a_t)$，注意这里出于简化，我们忽略了折扣因子$\gamma$，如图 9-2 所示。

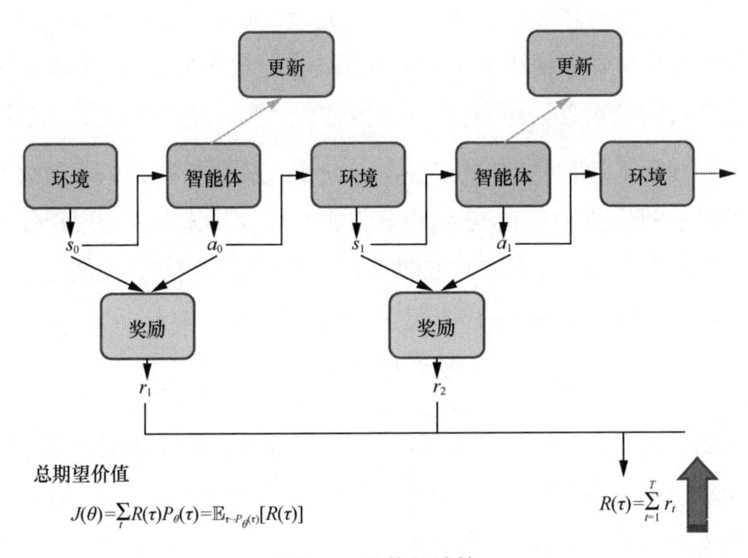

图 9-2 价值的计算

那么在给定的策略下，即参数θ固定，对于不同的初始状态，会形成不同的

轨迹 $\tau_1,\tau_2,\cdots$，对应轨迹的产生概率前面已经推导出来，即 $P_\theta(\tau_1),P_\theta(\tau_2),\cdots$，累积奖励则为 $R(\tau_1),R(\tau_2),\cdots$。结合概率论中的全期望公式，我们可以得到策略的价值期望公式，即式 (9.3) 。

$$
\begin{aligned}
J(\pi_\theta) &= \underset{\tau\sim\pi_\theta}{\mathbb{E}}[R(\tau)] = P_\theta(\tau_1)R(\tau_1) + P_\theta(\tau_2)R(\tau_2) + \cdots \\
&= \int_\tau P_\theta(\tau)R(\tau) \\
&= \mathbb{E}_{\tau\sim P_\theta(\tau)}\left[\sum_t r(s_t,a_t)\right]
\end{aligned} \tag{9.3}
$$

换句话说，我们的目标就是最大化策略的价值期望 $J(\pi_\theta)$，因此 $J(\pi_\theta)$ 又称作目标函数。有了目标函数之后，只要能求出梯度，就可以使用梯度上升或下降的方法来求出对应的最优参数 θ^*，这里由于我们的目标是最大化目标函数的值，因此我们使用梯度上升的方法。那么问题来了，我们发现策略梯度的目标函数过于复杂，这种情况下要怎么求梯度呢？这就是策略梯度算法的核心问题。

乍一看，这个策略梯度公式很复杂，但是仔细观察之后，会发现我们的目标是求关于参数 θ 的梯度，而公式中的 $R(\tau)$ 跟 θ 其实是没有关联的，因此在求梯度的时候可以将这一项看作常数，这样一来问题就简化成了如何求解 $P_\theta(\tau)$ 的梯度。

这个时候我们就需要使用中学就用过的一个对数微分技巧，即 $\log x$ 的导数是 $\frac{1}{x}$。有的读者可能会疑惑，不是 $\ln x$ 的导数才是 $\frac{1}{x}$ 吗？这其实涉及一个国际的沿用标准问题，国际上通常使用 $\log x$ 表示以 e 为底的对数，国内数学教材基本沿用了早期的 ISO 标准，即使用 $\ln x$ 表示以 e 为底的对数，读者只需要记住在算法领域默认使用 $\log x$ 表示以 e 为底的对数即可。回到我们的问题，使用这个对数微分技巧，我们就可以将目标函数的梯度进行转化，即式 (9.4) 。

$$
\nabla_\theta P_\theta(\tau) = P_\theta(\tau)\frac{\nabla_\theta P_\theta(\tau)}{P_\theta(\tau)} = P_\theta(\tau)\nabla_\theta \log P_\theta(\tau) \tag{9.4}
$$

现在问题就从求 $P_\theta(\tau)$ 的梯度变成了求 $\log P_\theta(\tau)$ 的梯度，即求 $\nabla_\theta \log P_\theta(\tau)$。我们先求出 $\log P_\theta(\tau)$，根据 $P_\theta(\tau) = p(s_0)\prod_{t=0}^{T}\pi_\theta(a_t \mid s_t)p(s_{t+1} \mid s_t,a_t)$，以及对数公式 $\log(ab) = \log a + \log b$，即可求出式 (9.5) 。

$$
\log P_\theta(\tau) = \log p(s_0) + \sum_{t=0}^{T}(\log \pi_\theta(a_t \mid s_t) + \log p(s_{t+1} \mid s_t,a_t)) \tag{9.5}
$$

我们会惊奇地发现 $\log P_\theta(\tau)$ 展开之后只有中间的项 $\log \pi_\theta(a_t \mid s_t)$ 跟参数 θ 有

关，也就是说其他项关于 θ的梯度为 0，即式 (9.6) 。

$$
\begin{aligned}
\nabla_\theta \log P_\theta(\tau) &= \nabla_\theta \log p_0(s_0) + \sum_{t=0}^{T}(\nabla_\theta \log \pi_\theta(a_t| s_t) + \nabla_\theta \log p(s_{t+1}| s_t, a_t)) \\
&= 0 + \sum_{t=0}^{T}(\nabla_\theta \log \pi_\theta(a_t| s_t) + 0) \\
&= \sum_{t=0}^{T} \nabla_\theta \log \pi_\theta(a_t| s_t)
\end{aligned} \tag{9.6}
$$

现在我们就可以很方便地求出目标函数的梯度，如式 (9.7) 所示。

$$
\begin{aligned}
\nabla_\theta J(\pi_\theta) &= \nabla_\theta \underset{\tau \sim \pi_\theta}{\mathbb{E}} [R(\tau)] \\
&= \nabla_\theta \int_\tau P_\theta(\tau) R(\tau) \\
&= \int_\tau \nabla_\theta P_\theta(\tau) R(\tau) \\
&= \int_\tau P_\theta(\tau) \nabla_\theta \log P_\theta(\tau) R(\tau) \\
&= \underset{\tau \sim \pi_\theta}{\mathbb{E}} \left[\nabla_\theta \log P_\theta(\tau) R(\tau)\right] \\
&= \underset{\tau \sim \pi_\theta}{\mathbb{E}} \left[\sum_{t=0}^{T} \nabla_\theta \log \pi_\theta(a_t| s_t) R(\tau)\right]
\end{aligned} \tag{9.7}
$$

这里简单解释一下上述公式，第一行就是目标函数的表达形式，第二行就是全期望展开式，第三行利用了积分的梯度性质，即梯度可以放到积分符号的里面（也就是被积函数中），第四行到最后使用了对数微分技巧。

那么我们为什么要使用对数微分技巧呢？这其实是一个常见的数学技巧，当我们看到公式中出现累乘的项时，我们通常都会取对数进行简化，因为根据对数公式的性质可以将累乘的项转换成累加的项，这样一来问题会更加便于处理。

我们再总结一下基于价值的算法和基于策略的算法的区别，以便读者加深理解。我们知道，基于价值的算法是通过学习价值函数来指导策略的，而基于策略的算法则对策略进行优化，并且通过计算轨迹的价值期望来指导策略的更新。

举例来说，如图 9-3 所示，基于价值的算法相当于是在训练导航工具，它会告诉驾驶员从当前位置到目的地的最佳路径并指导其到达。但是这样会出现一个问题，就是当导航工具在训练过程中产生偏差时，容易出现一步错步步错的情况，也就是估计价值的方差会很高，从而影响算法的收敛性。

而基于策略的算法则直接训练驾驶员本身，并且同时训练导航工具，只是这个时候导航工具只会告诉驾驶员当前驾驶的方向是不是对的，而不会直接让驾驶员做什么。

换句话说，这个过程中，驾驶员和导航工具的训练是相互独立的，导航工具并不会干涉驾驶员的决策，只会给出建议。这样的好处就是驾驶员可以结合经验自己探索，当导航工具出现偏差的时候可以及时纠正；当驾驶员决策错误的时候，导航工具也可以及时纠正错误。

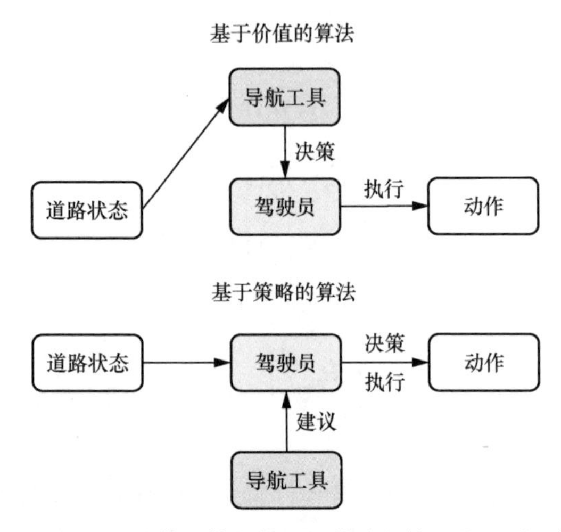

图9-3　基于价值的算法与基于策略的算法的区别示例

9.3 REINFORCE 算法

虽然在9.2节中我们推导并简化了策略梯度公式，但细心的读者可能会发现，它实际操作起来是很困难的。我们知道轨迹是由状态和动作组合而成的序列，一方面环境的初始状态是随机的，另一方面智能体每次采取的动作也是随机的，从而导致每条轨迹的长度都可能不一样，这样组合起来的轨迹几乎有无限多条，这样一来求解目标函数的梯度就变得非常困难了。

那么这个时候我们就需要利用蒙特卡罗方法来近似求解了，即我们不必采样所有的轨迹，而只采样一部分且数量足够多的轨迹，然后利用这些轨迹的均值来近似求解目标函数的梯度。这种方法就是蒙特卡罗策略梯度算法，也称作 REINFORCE 算法。

其实这种方法在前面已经使用过了，我们会发现蒙特卡罗方法虽然听起来很高级，但实际上就是一种“偷懒”的方法，即有时候理论上需要找无限个数据来支撑我们求解某个数据，但实际上我们可以只找有限个数据来近似求解。

在生活中我们也经常用到这种方法，比如我们想要知道当代大学生都有哪些爱好，理论上我们需要调查所有的大学生，但实际上我们只需要抽查一部分大学生就可以了，只要抽查的大学生具有足够的代表性，比如覆盖的学历范围足够广等，那么我们就可以认为这部分大学生的爱好代表了所有大学生的爱好。

回到我们的问题，我们现在需要求解的是目标函数的梯度，REINFORCE 算法的做法是每次采样 N 条轨迹，然后对这 N 条轨迹的梯度求平均值，即式 (9.8)。

$$\nabla J_\theta \approx \frac{1}{N}\sum_{n=1}^{N}\sum_{t=1}^{T_n} G_t^n \nabla \log \pi_\theta(a_t^n \mid s_t^n) \tag{9.8}$$

其中 N 理论上越大越好，但实际上我们可能只采样几个回合的轨迹就能近似求解梯度了。此外，注意这里我们把奖励函数换成了带有折扣因子的回报 $G_t^n = \sum_{k=t}^{T_n} \gamma^{k-t} r_k^n$，其中 T_n 表示第 n 条轨迹的长度，γ 表示折扣因子，r_k^n 表示第 n 条轨迹在第 k 步的奖励。虽然回报计算起来很麻烦，但可以结合 3.3 节讲到的贝尔曼方程将当前时刻和下一时刻的回报联系起来，从而在一定程度上简化计算，即式 (9.9)。

$$\begin{aligned} G_t &= \sum_{k=t+1}^{T} \gamma^{k-t-1} r_k \\ &= r_{t+1} + \gamma G_{t+1} \end{aligned} \tag{9.9}$$

9.4　策略梯度推导进阶

截至 9.3 节，我们已经讲完了 REINFORCE 算法的理论部分，我们再看看进阶版的策略梯度公式推导。在 9.3 节中的策略梯度推导过程本质上沿用 REINFORCE 算法或者蒙特卡罗方法的思路。

这种推导思路的优点是简单易懂，但在推导过程中我们也发现了其中的缺点，即推导出来的公式实际上不可求解，因为理论上有无限条轨迹，所以只能用近似的方法求解。此外，我们假定了目标是使得每回合的累积价值最大，因此用对应的总奖励$R(\tau)$或回报$G(\tau)$来求解或者评估价值。

但实际使用过程中我们会发现这种价值的评估方法并不是很稳定，因为每回合的累积奖励或回报会受到很多因素的影响，比如回合的长度、奖励的稀疏性等，后面我们会发现用一种叫作优势（advantage）的量评估价值会更加有效。因此，我们需要一个更泛化、更通用的策略梯度公式，这也是笔者称之为进阶版的原因。

9.4.1 平稳分布

在进行进阶版策略梯度推导之前，我们需要先介绍一些概念，如马尔可夫链的平稳分布（stationary distribution）。平稳分布就是指在无外界干扰的情况下，系统长期运行之后其状态分布会趋于固定的分布，不再随时间变化。已经进行过一些强化学习实战的读者会发现，每次成功运行一个算法，奖励曲线都会收敛到一个相对稳定的值，只要环境本身不变，哪怕换一种算法运行，奖励曲线也会收敛到一个相对稳定的值，除非我们改动了环境的一些参数（如奖励等），这就是平稳分布的体现。

平稳分布本质上是熵增原理的一种体现，比如我们在初中化学课中学过，当把一块金属钠放到水中时，它会发生化学反应生成氢氧化钠，反应的过程是比较剧烈的，但在一段时间之后它总能稳定生成氢氧化钠，而不会在某几次实验之后突然生成氯化钠之类的物质。

马尔可夫链处于平稳分布下，我们会发现一些规律，一个是任意两个状态之间都是互相连通的，即任意两个状态之间都可以通过一定的步骤切换，这个性质称为连通性（connectedness）。例如在学校里通常会有几种状态，如上课、放学、吃饭、睡觉等，这些状态都是可以切换的，比如上课之后可以放学、放学之后可以吃饭、吃饭之后可以睡觉、睡觉之后可以上课等，这就是连通性的体现。

有的读者可能会说，我睡觉的时候能一直睡，不想切换到其他状态，也就是说处于睡觉这个状态，切换到其他状态的概率就变成 0 了，这时候连通性就不成立了，我们把这个状态叫作吸收状态。其实出现这个问题是因为我们的状态定义不够细致，我们可以把睡觉这个状态细分成睡觉前、睡觉中、睡醒等状态，这样一来就可以保证任意两个状态之间都是互相连通的了。

可能有的读者又会想到马尔可夫过程的终止状态不也算是吸收状态吗？其实不是，这里的终止状态其实在介绍时序差分方法时提到过，只是为了方便计算，我们把终止状态的价值函数定义为 0，但实际上终止状态也是可以切换到其他状态的。典型的例子就是在游戏中，当我们的智能体死亡之后，游戏并不会立即结束，而是会重新开始，虽然它到达了一个终止状态，但它并不是吸收状态，因为它又回到了初始状态。

另一个是任意状态在平稳分布下的概率都是一样的，即任意状态的概率都是相等的，这个性质称为细致平稳性（detailed balance）。这个性质和连通性在马尔可夫链中是等价的，即如果一个马尔可夫链满足连通性，那么它一定满足细致平稳性，反之亦然。这里我们不进行证明，有兴趣的读者可以自行查阅相关资料。

为了加深读者对于平稳分布的理解，我们举一个经典的计算实例。这个例子是这样的，社会学家在他们的研究中通常会把人按照经济状况分成 3 层——上层、中层和下层，这 3 层代表 3 种状态，我们分别用 1、2、3 来表示。

并且，社会学家发现决定一个人的经济阶层的重要因素之一就是其父母的经济阶层，即如果一个人的经济阶层为上层，那么他的孩子会有 0.5 的概率继续处于上层，也会有 0.4 的概率变成中层，还有 0.1 的概率降到下层，当然这些概率数值只是笔者想出来以便于后面的计算的，并没有一定的统计依据。这些概率其实就是我们所说的马尔可夫链中的状态转移概率。同样，对于其他经济阶层的人来说，他们的孩子也会有一定的概率变成上层、中层、下层的任一经济阶层，如图 9-4 所示。

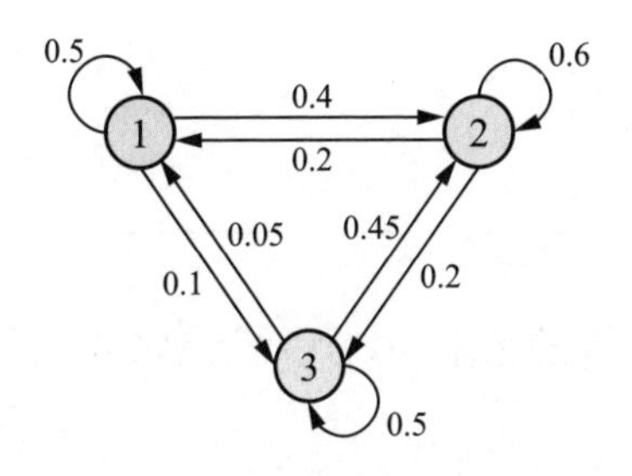

图 9-4　经济阶层转换示例

这样我们就可以列出状态转移概率矩阵，如式 (9.10) 所示。

$$\boldsymbol{P}=\begin{pmatrix}0.5 & 0.4 & 0.1\\0.2 & 0.6 & 0.2\\0.05 & 0.45 & 0.5\end{pmatrix} \tag{9.10}$$

假设有一批数量足够的人，我们称之为第 0 代人，他们的经济阶层比例为 $\boldsymbol{\pi}_0=[0.15,0.62,0.23]$，那么根据上面的状态转移概率矩阵我们就可以求出第 1 代人的阶层比例。

怎么求呢？先求出第 1 代人中上层的比例，我们知道第 0 代人中有 0.15 的比例是上层，这 0.15 比例的人中子代为上层的概率是 0.5，而第 0 代人中有 0.62 比例的中层，其子代会有 0.2 的概率流入上层，第 0 代中有 0.23 比例的下层，其子代会有 0.05 的概率流入上层，那么第 1 代上层的比例就为 $0.15\times0.5+0.62\times0.2+0.23\times0.05=0.2105\approx0.210$[①]，以此类推，第 1 代中层的比例为 $0.15\times0.4+0.62\times0.6+0.23\times0.45\approx0.536$，第 1 代下层的比例为 0.254，这样我们就能得出第 1 代的经济阶层比例为 $[0.210,0.536,0.254]$。

细心的读者会发现这里不需要这么麻烦的计算过程，只要利用矩阵向量相乘就能得到，即 $\boldsymbol{\pi}_1=\boldsymbol{\pi}_0\boldsymbol{P}=[0.210,0.536,0.254]$。同理，第 2 代人的经济阶层比例也可以求出，即 $\boldsymbol{\pi}_2=\boldsymbol{\pi}_1\boldsymbol{P}=\boldsymbol{\pi}_0\boldsymbol{P}^2$，以此类推，第 n 代人的经济阶层比例为 $\boldsymbol{\pi}_n=\boldsymbol{\pi}_0\boldsymbol{P}^n$。这里我们用 Python 代码来求解前 10 代人的经济阶层比例，如代码清单 9-1 所示。

代码清单 9-1 求解前 10 代人的经济阶层比例

```
import numpy as np
pi_0 = np.array([[0.15,0.62,0.23]])
P = np.array([[0.5,0.4,0.1],[0.2,0.6,0.2],[0.05,0.45,0.5]])
for i in range(1,10+1):
    pi_0 = pi_0.dot(P)
    print(f"第{i}代人的经济阶层比例为：")
    print(np.around(pi_0,3))
```

我们可以很快获得计算的结果，如代码清单 9-2 所示。

① 四舍五人采取非偶数不人的方式。

代码清单 9-2　求解前 10 代人的经济阶层比例的计算结果

```
第 1 代人的经济阶层比例为:
[[0.210 0.536 0.254]]
第 2 代人的经济阶层比例为:
[[0.225 0.52  0.255]]
第 3 代人的经济阶层比例为:
[[0.229 0.517 0.254]]
第 4 代人的经济阶层比例为:
[[0.231 0.516 0.253]]
第 5 代人的经济阶层比例为:
[[0.231 0.516 0.253]]
第 6 代人的经济阶层比例为:
[[0.231 0.516 0.253]]
第 7 代人的经济阶层比例为:
[[0.232 0.516 0.253]]
第 8 代人的经济阶层比例为:
[[0.232 0.516 0.253]]
第 9 代人的经济阶层比例为:
[[0.232 0.516 0.253]]
第 10 代人的经济阶层比例为:
[[0.232 0.516 0.253]]
```

从上面的结果中，我们发现从第 4 代开始经济阶层比例基本固定。换句话说，无论初始状态是什么，经过多次概率转移之后都会存在一个稳定的状态分布。我们只需要将这个稳定的状态分布乘对应的价值，就可以计算所谓的长期收益了。

现在我们可以正式地总结马尔可夫链的平稳分布，对于任意马尔可夫链，如果满足以下两个条件。

- 非周期性：马尔可夫链由于需要收敛，就一定不能是周期性的，实际上我们处理的问题基本上都是非周期性的，这点不需要做过多的考虑。
- 状态连通性：即存在状态转移概率矩阵 $\boldsymbol{P}$，能够使得任意状态 s_0 经过有限次转移到达状态 s。

这样我们就可以得出结论，即该马尔可夫链一定存在一个平稳分布，我们用 $d^{\pi}(s)$ 表示，可得到式 (9.11)。

$$d^{\pi}(s)=\lim_{t\to\infty}P(s_t=s|\ s_0,\pi_\theta) \tag{9.11}$$

换句话说，对于一个特定的环境，$d^{\pi}(s)$相当于一个环境本身的一个常量，类似于状态转移概率矩阵，只是我们在求解马尔可夫过程的时候无法获得，只能通过其他的方法近似。例如在 9.3 节讲到的 REINFORCE 算法中，我们就是通过贝尔曼方程来绕过状态转移概率矩阵进而通过迭代的方式求解状态价值函数的。

9.4.2 基于平稳分布的策略梯度推导

回顾计算轨迹概率的公式$P_\theta(\tau)$可以发现，如果轨迹τ的初始状态是s_0并且终止状态是s的话，轨迹概率公式$P_\theta(\tau)$跟平稳分布的$d^{\pi}(s)$是等效的，当然前提是轨迹必须“无限长”，即$t\to\infty$。但是平稳分布与轨迹概率公式相比，它的好处就是只涉及一个定量（即初始状态s_0）和一个变量s。对于每个状态s，我们用$V^{\pi}(s)$表示策略π下对应的价值。读者现在可以知道为什么策略梯度算法跟基于价值的算法都是在计算累积状态的价值期望了，此时策略梯度算法目标函数就可以表示为式 (9.12) 。

$$J(\theta)=\sum_{s\in\mathcal{S}}d^{\pi}(s)V^{\pi}(s)=\sum_{s\in\mathcal{S}}d^{\pi}(s)\sum_{a\in\mathcal{A}}\pi_\theta(a\mid s)Q^{\pi}(s,a) \tag{9.12}$$

同样可以利用对数微分技巧求得对应的梯度，如式 (9.13) 所示。

$$\begin{aligned}\nabla_\theta J(\theta)&\propto\sum_{s\in\mathcal{S}}d^{\pi}(s)\sum_{a\in\mathcal{A}}Q^{\pi}(s,a)\nabla_\theta\pi_\theta(a\mid s)\\&=\sum_{s\in\mathcal{S}}d^{\pi}(s)\sum_{a\in\mathcal{A}}\pi_\theta(a\mid s)Q^{\pi}(s,a)\frac{\nabla_\theta\pi_\theta(a\mid s)}{\pi_\theta(a\mid s)}\\&=\mathbb{E}_{\pi_\theta}[Q^{\pi}(s,a)\nabla_\theta\log\pi_\theta(a\mid s)]\end{aligned} \tag{9.13}$$

到这里我们会发现，REINFORCE 算法只是利用蒙特卡罗的方式将公式中的$Q^{\pi}(s,a)$替换成了$G(\tau)$。实际上读者在学习了结合深度学习的 DQN 算法之后可知道，$Q^{\pi}(s,a)$也是可以用神经网络模型来近似的，略有不同的是这里的$Q^{\pi}(s,a)$相比于 DQN 算法中的Q函数多了一个策略π作为输入，并且输出的不再是所有动作对应的Q值，而是针对当前状态和动作(s_t,a_t)的单个值，因此这更像是在评判策略的价值而不是状态的价值，用来近似$Q^{\pi}(s,a)$的模型我们一般称作 Critic。

9.5 策略函数的设计

9.5.1 离散动作空间的策略函数

我们回顾一下在 DQN 算法中是如何设计网络模型来近似 Q 函数的，通常它包含一个输入层、一个隐藏层和一个输出层，其中输入层一般是维度等于状态数的线性层，输出层则是维度等于动作数的线性层。对于更复杂的情况，读者可以根据实际需要自行设计，比如中间增加几个隐藏层或者使用卷积神经网络，只需要保证模型能够接收状态作为输入，并且能够输出每个动作的 Q 值即可。

对于策略函数来说，我们也可以采用类似的设计，只不过输出的不是 Q 值，而是各个动作的概率分布。其实动作概率分布在实现上与 Q 值的唯一区别就是必须都大于 0 且和为 1。一种最简单的做法是在 Q 网络模型的最后一层增加处理层，它一般被称作动作层（action layer）。但 Q 网络模型输出的值是有正有负的，怎么把它们转换成动作概率分布呢？

读者可能想到一种最简单的方法就是用最大值减去最小值得到一个范围值，然后将原来的最小值变成 0，原来的其他值则各自减去原来的最小值然后除以范围值，例如对于 [−0.5,0,0.5]，用最大值减去最小值得到 1，然后原来的最小值变成 0，原来的其他值则各自减去原来的最小值然后除以 1，最后得到的就是 [0,0.5,1]，这样一来就满足了概率分布的要求，这就是最原始的 min-max 归一化思路。但是这种方法有一些缺点，感兴趣的读者可自行查阅相关资料，这里就不详细介绍了。我们通常采取目前比较流行的方法，即用 softmax 函数来处理，定义如式 (9.14) 所示。

$$\pi_\theta(s,a)=\frac{\mathrm{e}^{\phi(s,a)^T}\theta}{\sum_b \mathrm{e}^{\phi(s,b)^T}} \tag{9.14}$$

其中 $\pi_\theta(s,a)$ 就是模型前面一层的输出。对应的梯度也可方便求得，如式 (9.15) 所示。

$$\nabla_\theta \log \pi_\theta(s \mid a)=\phi(s,a)-\mathbb{E}_{\pi_\theta}[\phi(s,.)] \tag{9.15}$$

由于右边一项 $\mathbb{E}_{\pi_\theta}[\phi(s,.)]$ 表示的是动作层所有输出之和，也就是概率分布之和，即等于 1，因此我们可以将其去掉，这样一来就可以得到更简单的梯度表达式，如式 (9.16) 所示。

$$\nabla_\theta \log \pi_\theta(s \mid a) = \phi(s,a) \tag{9.16}$$

在实战中 $\phi(s,a)$ 和 softmax 函数层一般是合并在一起的，即直接在模型最后一层输出 softmax 函数的结果，即概率分布 $p_\theta(s,a)$，这样就得到了最终的策略梯度，即式 (9.17)。

$$\nabla_\theta \log \pi_\theta(s \mid a) = \log p_\theta(s,a) \tag{9.17}$$

在很多代码实践中，一般都把它写作 logits_p，对应的 $p_\theta(s,a)$ 叫作 probs，这个在后面的实战中我们会看到。在实践中，我们算出 probs 之后，还会根据 probs 形成一个类别分布，然后采样，这个在后面的实战中我们也会看到。

9.5.2 连续动作空间的策略函数

对于连续动作空间，通常策略对应的动作可以从高斯分布 $\mathrm{N}(\phi(s)^{\mathrm{T}}\theta, \sigma^2)$ 得出，对应的梯度也可求得，如式 (9.18) 所示。

$$\nabla_\theta \log \pi_\theta(s \mid a) = \frac{(a - \phi(s)^{\mathrm{T}}\theta)\phi(s)}{\sigma^2} \tag{9.18}$$

这个公式虽然看起来很复杂，但实现起来其实很简单，只需要在模型最后一层输出两个值，一个是均值，一个是方差，然后用这两个值来构建一个高斯分布，并采样即可，具体在后面多个章节中介绍。

9.6 本章小结

本章介绍了强化学习中的一类算法，即基于策略的算法，并且分别从两种不同的角度推导了策略梯度的目标函数公式。此外，本章还简要介绍了一个最基础的策略梯度算法，即 REINFORCE 算法，以及常见策略函数的设计方法，为第 10 章介绍 Actor-Critic 算法做铺垫。

9.7 练习题

1. 基于价值的算法和基于策略的算法各有什么优缺点?
2. 马尔可夫链平稳分布需要满足什么条件?
3. REINFORCE 算法比 Q-learning 算法的训练速度快吗？为什么?
4. 确定性策略与随机性策略有什么区别?

第 10 章 Actor-Critic 算法

在第 9 章中，实际上我们已经介绍了 Actor-Critic 算法的部分内容，本章我们将继续深入探讨 Actor-Critic 算法。

10.1 策略梯度算法的优缺点

这里的策略梯度算法特指蒙特卡罗策略梯度算法，相比于 DQN 之类的基于价值的算法，策略梯度算法的主要优点如下。

- 适用于连续动作空间。这在 9.5 节中已经展开过，这里不赘述。
- 适用于随机性策略。由于策略梯度算法是基于策略函数的，因此它适用于随机性策略，而基于价值的算法则需要一个确定的策略。此外其计算出来的策略梯度是无偏的，而基于价值的算法计算出来的则是有偏的。

策略梯度算法也有其缺点，如下所示。

- 采样效率低。由于它使用的是蒙特卡罗估计，与基于价值的算法的时序差分估计相比，其采样速度必然是慢很多的，这个缺点在前面也提到过。
- 高方差。策略梯度算法虽然跟基于价值的算法一样都会导致高方差，但是通常在估计梯度时由蒙特卡罗采样引起高方差，这样的方差甚至比基于价值的算法的还要高。
- 收敛性差。策略梯度算法容易导致局部最优解问题，并不能保证得到全局最优解。策略空间可能非常复杂，存在多个局部最优点，因此该算法可能会在局部最优点附近停滞。

- 难以处理高维离散动作空间。对于离散动作空间，策略梯度算法采样的效率可能会受到限制，因为对每个动作的采样都需要计算一次策略。当动作空间非常大时，这可能会导致计算成本的急剧增加。

结合策略梯度和值函数的 Actor-Critic 算法则能兼顾两者的优点，甚至能缓解两者都很难解决的高方差问题。读者可能会奇怪为什么各自都有高方差的问题，结合之后反而会缓解这个问题呢？我们仔细分析一下两者高方差的根本来源，策略梯度算法直接对策略进行参数化，相当于既要利用策略与环境交互采样，又要利用采样估计策略梯度，而基于价值的算法也是需要与环境交互采样来估计值函数的，因此也会有高方差的问题。

而两者结合之后，Actor 部分负责估计策略梯度和采样，Critic（即原来的值函数部分）就不需要负责采样而只负责估计值函数，并且由于 Critic 估计的是策略函数的价值，这相当于带来了一个更稳定的估计，当然，虽然 Actor-Critic 算法能够缓解高方差问题，但并不能彻底解决该问题，在接下来的几章中我们会展开介绍一些改进的方法。

10.2　Q Actor-Critic 算法

在前面关于策略梯度的内容中，我们其实已经对 Actor-Critic 算法的目标函数进行过推导了，这里就不详细介绍，只简单回顾一下目标函数，如式 (10.1) 所示。

$$\nabla_\theta J(\theta) \propto \mathbb{E}_{\pi_\theta}[Q^\pi(s,a)\nabla_\theta \log\pi_\theta(a|s)] \tag{10.1}$$

在 REINFORCE 算法中，我们使用蒙特卡罗估计来表示当前状态 - 动作对 (s_t,a_t) 的价值。而这里其实可以类比 Q 函数，用 $Q^\pi(s_t,a_t)$ 来估计当前的价值，注意这里的输入是状态和动作，而不单单是状态，输出的是单个值，也可以用 $Q_\phi(s_t,a_t)$ 表示，其中 ϕ 表示 Critic 网络的参数。这样我们就可以将目标函数写成式 (10.2) 所示的形式。

$$\nabla_\theta J(\theta) \propto \mathbb{E}_{\pi_\theta}[Q_\phi(s_t,a_t)\nabla_\theta \log\pi_\theta(a_t|s_t)] \tag{10.2}$$

这样的算法通常称为 Q Actor-Critic 算法，这也是最简单的 Actor-Critic 算法之一，现在我们一般不用这个算法，但是这个算法的思想是很重要的，因为后面介绍的算法都是在这个算法的基础上进行改进的。

如图 10-1 所示，我们通常将 Actor 和 Critic 分别用两个模块来表示，即图中的策略函数（policy function）和值函数（value function）。Actor 与环境交互采样，然后将采样的轨迹输入 Critic，Critic 估计出当前状态 - 动作对的价值，然后将这个价值作为 Actor 的梯度更新的依据，这是所有 Actor-Critic 算法的基本通用架构。

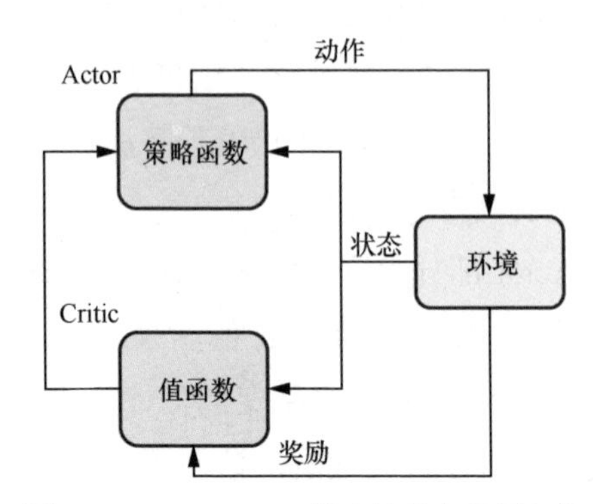

图 10-1　Actor-Critic 算法的基本通用架构

10.3 A2C 与 A3C 算法

我们知道 Actor-Critic 算法是能够缓解策略梯度算法的高方差问题的，但是并不能彻底解决该问题。为了进一步缓解高方差问题，我们引入一个优势函数（advantage function）$A^{\pi}(s_t,a_t)$，用来表示当前状态 - 动作对相对于平均水平的优势，即式 (10.3) 。

$$A^{\pi}(s_t,a_t)=Q^{\pi}(s_t,a_t)-V^{\pi}(s_t) \tag{10.3}$$

这里优势函数相当于 Q 函数减去一个基线，这个基线可以自由设计，但是通常我们会选择状态价值函数 $V^{\pi}(s_t)$ 作为基线，减去这个基线会让梯度估计更稳定。有读者可能会奇怪，减去基线真的能减小方差吗？比如 {1,2,3} 数列，都减去均值 2 之后得到的数列 {−1,0,1} 的方差不还是一样约等于 0.67 吗？这里其实犯了一个错误，就是我们讲的基线是指在同一个状态下的基线，而不是整个数列的均值，这里的基线是指 $V^{\pi}(s_t)$，而不是 $V^{\pi}(s)$ 的均值。

另外，优势函数可以理解为在给定状态 s_t 下，选择动作 a_t 相对于平均水平的优势。如果优势为正，则说明选择这个动作比平均水平要好，如果为负则说明选择这个动作比平均水平要差。换句话说，原先每一个状态 - 动作对只能以自己为参照物估计，现在可以平均水平为参照物估计，这样就能减小方差。

这就好比我们练习马拉松，原先的做法是我们只关注每天跑了多少，并不知道之前几天跑了多少，这很容易导致我们盲目追求每天跑的距离，而忽略自己的身体状况，容易受伤，这是一个较差的跑步策略。而引入优势函数之后我们就可以知道之前几天的平均跑步距离，这样就能更好地了解自己的身体状况，避免受伤，并且更好地达到跑马拉松的目标。

有了优势函数之后，我们就可以将目标函数写成式 (10.4) 的形式。

$$\nabla_\theta J(\theta) \propto \mathbb{E}_{\pi_\theta}[A^\pi(s_t,a_t)\nabla_\theta \log\pi_\theta(a_t \mid s_t)] \tag{10.4}$$

这就是 Advantage Actor-Critic 算法，通常简称为 A2C 算法。然而 A2C 算法并不是由一篇单独的论文提出来的，而是在异步形式的 A3C（asynchronous advantage actor-critic）算法的论文中提出来的。它在算法原理上跟 A2C 算法是一模一样的，只是引入多进程的概念提高了训练效率。

如图 10-2 所示，A2C 算法相当于只有一个全局网络并持续与环境交互更新。

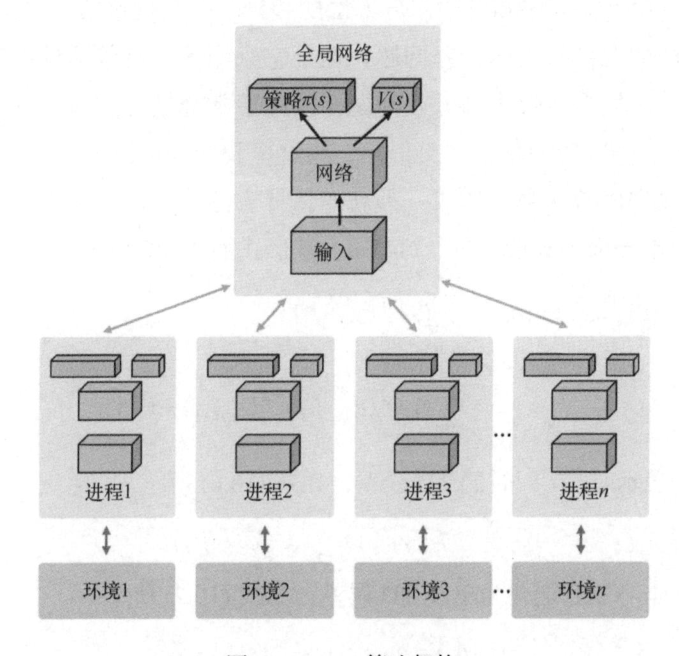

图 10-2 A3C算法架构

而 A3C 算法中增加了多个进程，每一个进程都拥有一个独立的网络和环境以供交互，并且每个进程每隔一段时间都会将自己的参数同步到全局网络中，这样就能提高训练效率。这种训练模式是比较常见的多进程训练模式，也能用于其他算法中，包括前面讲到的基于价值的算法。

10.4 广义优势估计

在 10.3 节中，我们通过引入优势函数来缓解梯度估计带来的高方差问题，但由于使用优势函数从本质上来说还是使用蒙特卡罗估计，因此尽管减去基线，有时候还是会产生高方差，从而导致训练过程不稳定。这时候笔者想到了一句话，即“知识一般是通过螺旋式的规律来学习的，也是会螺旋式升级的”，这句话的意思是我们学的某些知识可能不会马上用到，但是会暂时埋下种子，等到后面需要使用的时候会回忆起来并且加深对相关知识的理解。当然这句话不是某个名人说的，而是笔者自己总结的，也是想传达给读者的学习思路。

回到正题，既然蒙特卡罗估计一定会带来高方差问题，那么读者可能会想到前面在讲蒙特卡罗方法和时序差分方法的差异，并发现这两个方法是互补的。时序差分方法能有效解决高方差问题，但是它采用的是有偏估计；蒙特卡罗方法是无偏估计，但是会带来高方差问题，因此通常会结合这两个方法形成一种新的估计方法，即TD(λ)估计。类似地，在这里我们也可以引入λ，结合多步的折扣回报来改进优势函数，形成一种新的估计方法，我们称之为广义优势估计（generalized advantage estimation，GAE），其形式如式 (10.5) 所示。

$$
\begin{aligned}
A^{\mathrm{GAE}(\gamma,\lambda)}(s_t,a_t) &= \sum_{l=0}^{\infty}(\gamma\lambda)^l \delta_{t+l} \\
&= \sum_{l=0}^{\infty}(\gamma\lambda)^l (r_{t+l} + \gamma V^{\pi}(s_{t+l+1}) - V^{\pi}(s_{t+l}))
\end{aligned}
\tag{10.5}
$$

其中δ_{t+l}表示时步$t+l$时的 TD 误差，如式 (10.6) 所示。

$$
\delta_{t+l} = r_{t+l} + \gamma V^{\pi}(s_{t+l+1}) - V^{\pi}(s_{t+l}) \tag{10.6}
$$

当$\lambda=0$时，GAE 退化为单步 TD 误差，如式 (10.7) 所示。

$$
A^{\mathrm{GAE}(\gamma,0)}(s_t,a_t) = \delta_t = r_t + \gamma V^{\pi}(s_{t+1}) - V^{\pi}(s_t) \tag{10.7}
$$

当$\lambda=1$时，GAE 退化为蒙特卡罗估计，如式 (10.8) 所示。

$$A^{\mathrm{GAE}(\gamma,1)}(s_t,a_t)=\sum_{l=0}^{\infty}(\gamma\lambda)^l\delta_{t+l}=\sum_{l=0}^{\infty}(\gamma)^l\delta_{t+l} \tag{10.8}$$

如何选择合适的λ请读者回看前面时序差分的相关内容，这里就不赘述了。到这里，我们就将 Actor-Critic 算法的基本原理讲完了，注意 GAE 并不是 Actor-Critic 算法的必要组成部分，只是一种改进的方法。它更像是一种通用的模块，在实践中可以用在任何需要估计优势函数的地方，比如后面要讲的 PPO 算法中就用到了这种估计方法。

10.5 实战：A2C 算法

10.5.1 定义模型

通常来讲，Critic 输入的是状态，输出的则是一个维度的价值，Actor 输入的也是状态，但输出的是概率分布，因此我们可以定义两个网络，如代码清单 10-1 所示。

代码清单 10-1　实现 Actor 和 Critic

```
class Critic(nn.Module):
    def __init__(self,state_dim):
        self.fc1 = nn.Linear(state_dim, 256)
        self.fc2 = nn.Linear(256, 256)
        self.fc3 = nn.Linear(256, 1)
    def forward(self, x):
        x = F.relu(self.fc1(x))
        x = F.relu(self.fc2(x))
        value = self.fc3(x)
        return value

class Actor(nn.Module):
    def __init__(self, state_dim, action_dim):
        self.fc1 = nn.Linear(state_dim, 256)
```

```
        self.fc2 = nn.Linear(256, 256)
        self.fc3 = nn.Linear(256, action_dim)
    def forward(self, x):
        x = F.relu(self.fc1(x))
        x = F.relu(self.fc2(x))
        logits_p = F.softmax(self.fc3(x), dim=1)
        return logits_p
```

这里由于是离散的动作空间，根据前面在策略梯度相关内容中设计的策略函数，我们使用了 softmax 函数来输出概率分布。另外，从实践上来看，由于 Actor 和 Critic 的输入是一样的，因此我们可以将两个网络合并成一个网络，以便于加速训练。这有点类似于 Dueling DQN 算法中的做法，如代码清单 10-2 所示。

代码清单 10-2　实现合并的 Actor 和 Critic

```
class ActorCritic(nn.Module):
    def __init__(self, state_dim, action_dim):
        self.fc1 = nn.Linear(state_dim, 256)
        self.fc2 = nn.Linear(256, 256)
        self.action_layer = nn.Linear(256, action_dim)
        self.value_layer = nn.Linear(256, 1)
    def forward(self, x):
        x = F.relu(self.fc1(x))
        x = F.relu(self.fc2(x))
        logits_p = F.softmax(self.action_layer(x), dim=1)
        value = self.value_layer(x)
        return logits_p, value
```

注意，当我们使用分开的网络时，我们需要在训练时分别更新两个网络的参数（即需要两个优化），而使用合并的网络时则只需要更新一个网络的参数即可。

10.5.2　采样动作

与 DQN 算法等确定性策略不同，A2C 的动作输出不再是最大 Q 值对应的动作，而是从概率分布中采样的动作，这意味着即使是很小的概率，动作也有可能被采样到，这样就能保证探索性，如代码清单 10-3 所示。

代码清单 10-3 采样动作

```
from torch.distributions import Categorical
class Agent:
    def __init__(self):
        self.model = ActorCritic(state_dim, action_dim)
    def sample_action(self,state):
        '''动作采样函数
        '''
        state = torch.tensor(state, device=self.device, dtype=torch.float32)
        logits_p, value = self.model(state)
        dist = Categorical(logits_p)
        action = dist.sample()
        return action
```

注意，这里直接利用了 PyTorch 中的 Categorical 分布函数，这样就能直接从概率分布中采样动作了。

10.5.3 策略更新

我们需要计算出优势函数，一般先计算出回报，然后将回报减去网络输出的值即可，如代码清单 10-4 所示。

代码清单 10-4 计算优势函数

```
class Agent:
    def _compute_returns(self, rewards, dones):
        returns = []
        discounted_sum = 0
        for reward, done in zip(reversed(rewards), reversed(dones)):
            if done:
                discounted_sum = 0
            discounted_sum = reward + (self.gamma * discounted_sum)
            returns.insert(0, discounted_sum)
```

```
        # 归一化
        returns = torch.tensor(returns, device=self.device, dtype=torch.
float32).unsqueeze(dim=1)
        returns = (returns - returns.mean()) / (returns.std() + 1e-5) # 使用
1e-5来避免除数为 0
        return returns
    def compute_advantage(self):
        '''计算优势函数
        '''
        logits_p, states, rewards, dones = self.memory.sample()
        returns = self._compute_returns(rewards, dones)
        states = torch.tensor(states, device=self.device, dtype=torch.float32)
        logits_p, values = self.model(states)
        advantages = returns - values
        return advantages
```

这里我们使用了一个技巧，即将回报归一化，这样可以让优势函数的值域为[–1,1]，让优势函数更稳定，从而减小方差。计算优势函数之后就可以分别计算 Actor 和 Critic 的损失函数了，如代码清单 10-5 所示。

代码清单 10-5 计算损失函数

```
class Agent:
    def compute_loss(self):
        '''计算损失函数
        '''
        logits_p, states, rewards, dones = self.memory.sample()
        returns = self._compute_returns(rewards, dones)
        states = torch.tensor(states, device=self.device, dtype=torch.float32)
        logits_p, values = self.model(states)
        advantages = returns - values
        dist = Categorical(logits_p)
        log_probs = dist.log_prob(actions)
        # 注意，策略损失反向传播时不需要优化优势函数，因此需要对其应用 detach
        actor_loss = -(log_probs * advantages.detach()).mean()
        critic_loss = advantages.pow(2).mean()
        return actor_loss, critic_loss
```

到这里，我们就完成了 A2C 算法的所有核心代码，完整代码请读者参考本书的配套代码。最后展示一下训练曲线，如图 10-3 所示。

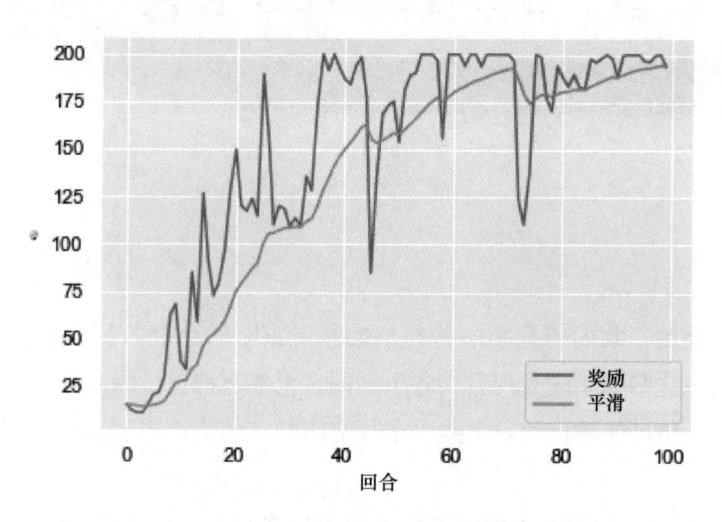

图 10-3　CartPole 环境 A2C 算法训练曲线

10.6　本章小结

本章主要介绍了 A2C 与 A3C 算法，相比于第 9 章介绍的 REINFORCE 算法，主要优化了 Critic 部分的估计，提高了算法的收敛速度；并且通过引入多进程训练的方式进一步提高了这类算法的收敛速度，实践中我们会用 multiprocessing 等多进程模块来实现。

10.7　练习题

1. 相比于 REINFORCE 算法，A2C 算法主要的改进点在哪里？
2. A2C 算法是同策略算法吗？为什么？

第 11 章　DDPG 与 TD3 算法

自本章开始，我们将介绍一些经典的基于策略的算法，包括 DDPG、TD3、PPO 等算法。这些算法的实现方式各不相同，也各有特色，因此每类算法都单独介绍。它们也是目前强化学习实践中十分常用的一些策略梯度算法，请读者务必熟练掌握。

本章介绍 DDPG 算法和 TD3 算法，其中后者在前者的基础上做了一些优化。严格来说，DDPG 算法被提出的初衷其实是作为 DQN 算法的一个连续动作空间版本扩展。当时 Actor-Critic 架构还没有广泛流行，因为 A3C 算法是在 2016 年提出的，比 DDPG 算法的提出晚了一年。只是我们回看 DDPG 算法的时候会发现其在形式上更像 Actor-Critic 架构，因此将其归为 Actor-Critic 算法的一种。

11.1　DPG 算法

DDPG（deep deterministic policy gradient，深度确定性策略梯度）是一种确定性的策略梯度算法。为了让读者更好地理解 DDPG 算法，我们先把“深度”二字去掉，即先介绍 DPG 算法，它是 DDPG 算法的核心。

有了前面 Actor-Critic 算法的铺垫之后，从策略梯度的角度来理解 DPG 算法是比较容易的。我们知道 DQN 算法的一个主要缺点就是不能用于连续动作空间，这是因为在 DQN 算法中动作是通过贪心策略或者 argmax 的方式从 Q 函数间接得到的，这里 Q 函数就相当于 DPG 算法中的 Critic。

而要想适配连续动作空间，我们干脆就将选择动作的过程表示成一个直接从

状态映射到具体动作的函数 $\mu_\theta(s)$，其中 θ 表示模型的参数，这样一来就把求解 Q 函数、贪心选择动作这两个过程表示成了一个函数，也就是我们常说的 Actor。注意，这里的 $\mu_\theta(s)$ 输出的是一个动作值，而不是像第 10 章中提到的概率分布 $\pi_\theta(a|s)$。

我们知道 $Q(s,a)$ 函数实际上是有两个变量的，相当于一个曲线平面，如图 11-1 所示。当我们输入某个状态到 Actor 时，即固定 $s=s_t$ 时，则相当于把曲线平面截断成一条曲线。而 Actor 的作用就是寻找这条曲线的最高点，并返回对应的横坐标，即最大 Q 值对应的动作。

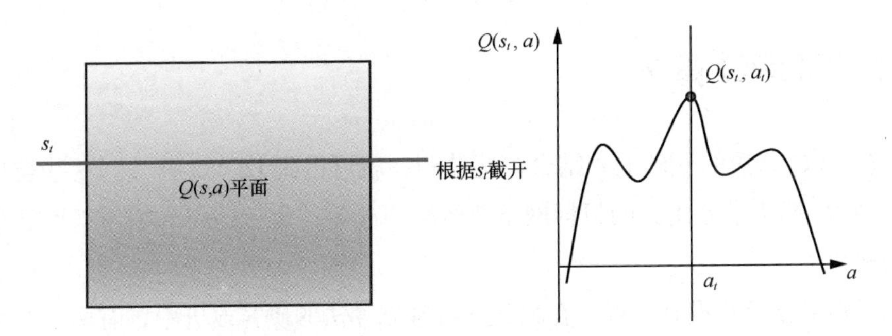

图 11-1　DDPG 算法中 Actor 的作用

所以，DPG 算法并没有做真正意义上的梯度更新，只是在寻找最大 Q 值，本质上还是采用 DQN 算法的思路。因此 DPG 算法中 Critic 结构会同时包含状态和动作输入，而 Actor-Critic 算法中 Critic 结构只包含状态，因为它本质上就是 $Q(s,a)$ 函数，如图 11-2 所示。

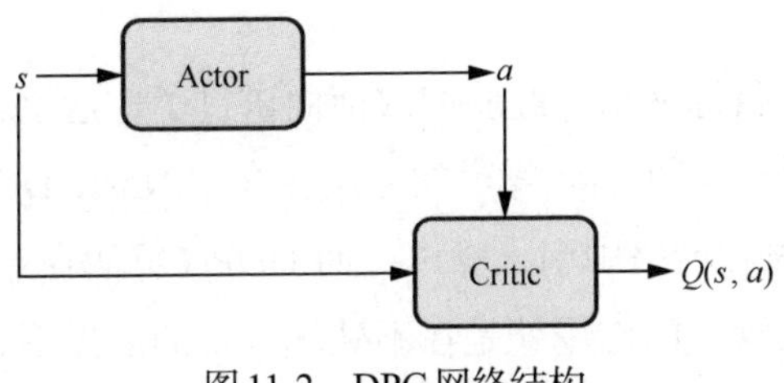

图 11-2　DPG 网络结构

这里相当于把 DQN 算法中 ε-greedy 策略函数部分换成了 Actor。注意 Actor 网络 $\mu_\theta(s)$ 与输出概率分布的随机性策略不同，输出的是一个值，因此 Actor 的策略也叫作确定性策略。效仿策略梯度的推导，我们也可以推导出 DPG 算法的目标函数，如式 (11.1) 所示。

$$\nabla_\theta J(\theta) \approx \mathbb{E}_{s_t \sim \rho^\beta}\left[\nabla_a Q(s_t, a)\big|_{a=\mu_\theta(s_t)} \nabla_\theta \mu_\theta(s_t)\right] \tag{11.1}$$

其中 ρ^β 是策略的初始分布，用于探索状态空间，在实际应用中相当于网络模型的初始参数，读者不用关注。另外，注意这里的 $Q(s_t, a)$ 表示的不是 Q 函数，跟 Actor-Critic 算法一样，其作为一个 Critic 网络，将状态和动作作为输入，并且输出一个值。

11.2 DDPG 算法

在 DPG 算法的基础上，结合一些技巧，就可得到 DDPG 算法。这些技巧既包括 DQN 算法中会用到的目标网络、经验回放等，也包括引入噪声来增加策略的探索性。

不知道读者有没有发现，在强化学习基础算法的研究改进中，有两个几乎不变的主题：一是**如何提高对值函数的估计**，保证其准确性，即尽量无偏且低方差，例如用深度神经网络替代简单的 Q 表格、结合蒙特卡罗方法和时序差分方法的 TD(λ)、引入目标网络以及 GAE 等；二是如何提高探索性以及平衡探索和利用的关系，尤其在探索性比较差的确定性策略中，例如，DQN 和 DDPG 算法都会利用各种技巧来提高探索性，如经验回放、ε-greedy 策略、噪声网络等。这两个主题是强化学习算法的基础核心主题，希望能够给读者的学习和研究带来一定的启发。

回到正题，由于目标网络、经验回放前面讲过了，这里就略过，下面我们讲解 DDPG 引入的噪声。其实引入噪声的方法在介绍 Noisy DQN 算法中就讲到了，只是 Noisy DQN 算法在网络中引入噪声，而 DDPG 算法在输出动作上引入噪声。从本质上来讲，引入噪声的作用就是在不破坏系统的前提下，提高系统运行的抗干扰性。

这跟我们生活中的打疫苗是类似的，通常我们会将灭活（或减毒）的病毒制成的疫苗注入体内，引发免疫系统的警觉，从而提高免疫系统的抗干扰性，即提高我们身体的免疫力。这里疫苗就相当于轻微的噪声，如果免疫系统一直没见过这种轻微的噪声，那么一旦遇到真正的病毒之后是很有可能会崩溃的；如果经常接触这种轻微的噪声，那么免疫系统就会逐渐适应，从而提高抗干扰性。又好比我们平时做消防演练，虽然平时的演练都不是针对真正意义上的灾害的，但经过熟练的演练之后，一旦遇到真正的灾害就可以从容应对，至少不会过于慌乱。

DDPG 算法是在输出动作上引入噪声的，由于$\mu_\theta(s)$输出的是单个值，其实最简单的方式之一就是在输出的值上加上一个随机数，这个随机数可以是正态分布的（即高斯噪声），也可以是均匀分布的，只要能够保证这个随机数的值不要过大就行。

当然简单的噪声引入除了简单这一个优点之外，可能剩下的全都是缺点了，因此在 DDPG 算法中使用的其实是一种叫作 Ornstein-Uhlenbeck（奥恩斯坦 - 乌伦贝克）的噪声，简称 OU 噪声。OU 噪声是一种具有回归特性的随机过程，其与高斯噪声相比的优点如下。

- **探索性**：OU 噪声具有持续的、自相关的特性。相比于独立的高斯噪声，OU 噪声更加平滑，并且在训练过程中更加稳定。这种平滑特性使得 OU 噪声有助于探索更广泛的动作空间，并且更容易找到更好的策略。
- **控制幅度**：OU 噪声可以通过调整其参数来控制噪声的幅度。在 DDPG 算法中，可以通过调整 OU 噪声的方差来控制噪声的幅度，从而平衡探索性和利用性。较大的方差会增强探索性，而较小的方差会增强利用性。
- **稳定性**：OU 噪声的回归特性使得噪声在训练过程中具有一定的稳定性。相比于纯粹的随机噪声，在 DDPG 算法中使用 OU 噪声可以更好地保持动作的连续性，避免剧烈的抖动，从而使得训练过程更加平滑和稳定。
- **可控性**：OU 噪声由于具有回归特性，在训练过程中逐渐回归到均值，因此可以控制策略的探索性逐渐减弱。这种可控性使得在训练的早期增强探索性，然后逐渐减弱探索性，有助于更有效地进行训练。

总的来说，引入 OU 噪声作为 DDPG 算法中的一种探索策略，具有平滑、可控、稳定等优点，使得算法能够更好地在连续动作空间中进行训练，探索更广泛的动作空间，并找到更优的策略。它是 DDPG 算法成功应用于解决连续动作空间问题的重要因素之一。

虽然它有这么多的优点，实际上在简单的环境中，使用它跟使用简单的高斯噪声甚至跟不使用噪声的效果是差不多的，只有在复杂的环境中才会体现出来区别。因此，如果读者在实际应用中面临的问题比较简单，可以不使用 OU 噪声，使用高斯噪声或者不用噪声即可，这样可以降低算法的复杂度，加快算法的收敛速度，正所谓“杀鸡焉用牛刀”。

OU 噪声主要由两个部分组成：随机高斯噪声和回归项，其数学定义如式 (11.2) 所示。

$$\mathrm{d}x_t = \theta(\mu - x_t)\mathrm{d}t + \sigma \mathrm{d}W_t \tag{11.2}$$

其中x_t是 OU 过程在时间 t 的值，即当前的噪声值，这个 t 也是强化学习中的时步。μ是回归的均值，表示噪声在长时间尺度上的均值。θ是 OU 过程的回归速率，表示噪声向均值回归的速率。σ是 OU 过程的扰动项，表示随机高斯噪声的标准差。$\mathrm{d}W_t$是布朗运动（Brownian motion）或者维纳过程（Wiener process），是一个随机项，表示随机高斯噪声的微小变化。

在实际应用中，我们只需要调整μ和σ就可以了，θ通常是固定的，而$\mathrm{d}W_t$是随机项，我们也不需要关注。尽管如此，需要调整的参数还是很多，这也是 DDPG 算法的调参比较麻烦的原因之一。

11.3 DDPG 算法的优缺点

总的来说，DDPG 算法的主要优点如下。

- **适用于连续动作空间**：DDPG 算法采用确定性策略来选择动作，这使得它能够直接解决连续动作空间的问题。相比于传统的随机性策略，确定性策略更容易优化和学习，因为它不需要进行动作采样，可缓解在连续动作空间中的高方差问题。
- **高效的梯度优化**：DDPG 算法使用策略梯度方法进行优化，其梯度更新相对高效，并且能够处理高维度的状态空间和动作空间。同时，通过 Actor-Critic 结构，DDPG 算法可以利用值函数来辅助策略的优化，提高算法的收敛速度和稳定性。

- **经验回放和目标网络**：经验回放可以减弱样本之间的相关性，提高样本的有效利用率，并且增强训练的稳定性。目标网络可以稳定训练过程，避免值函数估计和目标值之间的相关性问题，从而提高算法的稳定性和收敛性。

其缺点如下。

- **只适用于连续动作空间**：这既是优点，也是缺点。
- **高度依赖超参数**：DDPG 算法中有许多超参数需要进行调整，除了一些 DQN 算法的超参数，例如学习率、批量大小、目标网络的更新频率等，还需要调整一些 OU 噪声的超参数。调整这些超参数并找到最优的取值通常是一项具有挑战性的任务，可能需要大量的实验和经验。
- **高度敏感的初始条件**：DDPG 算法对初始条件非常敏感。初始策略和值函数的参数设置可能会影响算法的收敛性和性能，需要仔细选择和调整。
- **容易陷入局部最优**：DDPG 算法由于采用了确定性策略，可能会导致算法陷入局部最优，难以找到全局最优策略。为了增强探索性，需要采取一些措施，如加入噪声策略或使用其他的探索方法。

可以看到，DDPG 算法的优点可能掩盖不了众多的缺点，尤其对于初学者来说，调参是一个非常令人头疼的问题，因此在实际应用中，同样情况下可能会选择更加简单的 PPO 算法。当然，对于一些能熟练调参的“大侠”来说，DDPG 算法以及相关改进版本的算法也是值得尝试的，毕竟它们在实际应用中的效果还是非常不错的。

11.4 TD3 算法

我们知道 DDPG 算法的缺点太多，因此有人对其进行了改进，这就是我们接下来要介绍的 TD3（twin delayed DDPG，双延迟 DDPG）算法。相对于 DDPG 算法，TD3 算法的改进主要有以下 3 点：一是双 Q 网络，体现在名字中的 twin；二是延迟更新，体现在名字中的 delayed；三是噪声正则化（noise regularization）。下面我们分别来看一下。

11.4.1 双 Q 网络

双 Q 网络的原理其实很简单，就是在 DDPG 算法中的 Critic 网络上再加一层，这样就形成了两个 Critic 网络，分别记为 Q_{ω_1} 和 Q_{ω_2}，其中 ω_1 和 ω_2 分别表示两个网络的参数。这样一来，我们就可以得到两个 Q 值，分别记为 $Q_{\omega_1}(s_t,a_t)$ 和 $Q_{\omega_2}(s_t,a_t)$。然后我们在计算 TD 误差的时候，就可以取两个 Q 值中较小的那个，如式 (11.3) 所示。

$$
\begin{aligned}
L(\omega_1) &= \mathbb{E}_{s_t,a_t,r_{t+1},s_{t+1}\sim D}[(Q_{\omega_1}(s_t,a_t)-y_t)^2] \\
y_t &= r_{t+1}+\gamma \min_{i=1,2} Q_{\omega_i}(s_{t+1},\mu_\theta(s_{t+1}))
\end{aligned}
\tag{11.3}
$$

其中 L 表示损失函数，同理，我们也可以得到另一个 Critic 网络的损失函数 $L(\omega_2)$，如式 (11.4) 所示。

$$
\begin{aligned}
L(\omega_2) &= \mathbb{E}_{s_t,a_t,r_{t+1},s_{t+1}\sim D}\left[(Q_{\omega_2}(s_t,a_t)-y_t)^2\right] \\
y_t &= r_{t+1}+\gamma \min_{i=1,2} Q_{\omega_i}(s_{t+1},\mu_\theta(s_{t+1}))
\end{aligned}
\tag{11.4}
$$

细心的读者会发现，这跟 Double DQN 的原理是一样的，只不过 Double DQN 在 Q 网络上“做文章”，而 TD3 算法在 Critic 网络上“做文章”。这样做的好处是可以减少 Q 值的过估计，从而提高算法的稳定性和收敛性。

11.4.2 延迟更新

延迟更新更像是一种实验技巧，即在训练中 Actor 的更新频率低于 Critic 的更新频率。在学习过程中，Critic 是不断更新的，可以想象一下，假设在某个时刻 Actor 好不容易到达一个最高点，这个时候 Critic 又更新了，那么 Actor 的最高点就被打破了，这样一来 Actor 就会不断地追逐 Critic，造成误差的过分累积，进而导致 Actor 的训练不稳定，甚至可能会发散。因此，为了避免这种情况，我们可以在训练中让 Actor 的更新频率低于 Critic 的更新频率，这样一来 Actor 的更新就会比较稳定，不会受到 Critic 的影响，从而提高算法的稳定性和收敛性。在实践中，Actor 的更新频率一般要比 Critic 的更新频率低一个数量级，例如 Critic 每更新 10 次，Actor 只更新 1 次。

11.4.3　噪声正则化

更准确地说，它在原论文中不叫噪声正则化，而是目标策略平滑正则化（target policy smoothing regularization），其意思都是一样的，只是笔者在表述的时候做了简化。延迟更新的主要思想是通过提高 Critic 的相对更新频率来减少值函数的估计误差，也就是“降低领导决策的失误率”。但是这样其实是“治标不治本”的做法，因为它只是让 Critic 带来的误差不要过分地影响到 Actor，而没有考虑改进 Critic 本身的稳定性。

因此，我们也可以给 Critic 引入一个噪声提高其抗干扰性，这样一来就可以在一定程度上提高 Critic 的稳定性，从而进一步提高算法的稳定性和收敛性。注意，这里的噪声是在 Critic 网络上引入的，而不是在输出动作上引入的，因此它跟 DDPG 算法中的噪声是不一样的。具体来说，我们可以在计算 TD 误差的时候，给目标值 y 加上一个噪声，并且为了让噪声不至于过大，还增加了一个裁剪（clip），如式 (11.5) 所示。

$$y = r + \gamma Q_{\theta'}(s', \pi_{\phi'}(s') + \varepsilon) \varepsilon \sim \text{clip}(N(0,\sigma), -c, c) \tag{11.5}$$

其中 $N(0,\sigma)$ 表示均值为 0、方差为 σ 的高斯噪声，ε 表示噪声，clip 表示裁剪函数，即将噪声裁剪到 $[-c,c]$ 范围内，c 是一个超参数，用于控制噪声的大小。可以看到，这里引入噪声更像是一种正则化的方式，使得值函数更新更加平滑，因此笔者称之为噪声正则化。

11.5　实战：DDPG 算法

与之前的实战一样，该实战中将演示一些核心的代码，完整的代码请参考“JoyRL”代码仓库。

11.5.1　DDPG 伪代码

如图 11-3 所示，DDPG 算法的训练方式其实很像 DQN 算法的。注意在第 15 步中 DDPG 算法将当前网络参数复制到目标网络的方式是软更新，即每次一点点地将参数复制到目标网络中，与之对应的是 DQN 算法中的硬更新。软更新的优点是更加平滑缓慢，可以避免因权重更新过于迅速而导致的振荡，同时可降低训练发散的风险。

DDPG 算法

1: 初始化 Critic 网络 $Q\left(s, a \mid \theta^{Q}\right)$ 和Actor 网络 $\mu(s|\theta^{\mu})$ 的参数 θ^{Q} 和 θ^{μ}
2: 初始化对应的目标网络参数，即 $\theta^{Q'} \leftarrow \theta^{Q}, \theta^{\mu'} \leftarrow \theta^{\mu}$
3: 初始化经验回放 D
4: **for** 回合数 $= 1, M$ **do**
5: **交互采样:**
6: 选择动作 $a_t = \mu\left(s_t \mid \theta^{\mu}\right) + \mathcal{N}_t$，$\mathcal{N}_t$ 为探索噪声
7: 环境根据 a_t 反馈奖励 r_t 和下一个状态 s_{t+1}
8: 存储样本 (s_t, a_t, r_t, s_{t+1}) 到经验回放 D 中
9: 更新环境状态 $s_{t+1} \leftarrow s_t$
10: **策略更新:**
11: 从 D 中取出一个随机批量的样本 (s_i, a_i, r_i, s_{i+1})
12: 求得 $y_i = r_i + \gamma Q'\left(s_{i+1}, \mu'\left(s_{i+1} \mid \theta^{\mu'}\right) \mid \theta^{Q'}\right)$
13: 更新 Critic 参数，其损失为：$L = \frac{1}{N}\sum_i \left(y_i - Q\left(s_i, a_i \mid \theta^{Q}\right)\right)^2$
14: 更新 Actor 参数：$\nabla_{\theta^{\mu}} J \approx \frac{1}{N}\sum_i \nabla_a Q\left(s, a \mid \theta^{Q}\right)\Big|_{s=s_i, a=\mu(s_i)} \nabla_{\theta^{\mu}} \mu\left(s \mid \theta^{\mu}\right)\Big|_{s_i}$
15: 软更新目标网络：$\theta^{Q'} \leftarrow \tau\theta^{Q} + (1-\tau)\theta^{Q'}$，$\theta^{\mu'} \leftarrow \tau\theta^{\mu} + (1-\tau)\theta^{\mu'}$
16: **end for**

图 11-3 DDPG算法伪代码

11.5.2 定义模型

如代码清单 11-1 所示，DDPG 算法的模型结构与 Actor-Critic 算法的几乎是一样的，只是由于 DDPG 算法的 Critic 是 Q 函数，因此需要将动作作为输入。除了模型之外，DDPG 算法的目标网络和经验回放的定义方式跟 DQN 算法的一样，这里不展开介绍。

代码清单 11-1 DDPG 算法的 Actor 和 Critic

```
import torch
import torch.nn as nn
import torch.nn.functional as F
class Actor(nn.Module):
    def __init__(self, state_dim, action_dim, hidden_dim = 256, init_w=3e-3):
```

```
        super(Actor, self).__init__()
        self.linear1 = nn.Linear(state_dim, hidden_dim)
        self.linear2 = nn.Linear(hidden_dim, hidden_dim)
        self.linear3 = nn.Linear(hidden_dim, action_dim)

        self.linear3.weight.data.uniform_(-init_w, init_w)
        self.linear3.bias.data.uniform_(-init_w, init_w)

    def forward(self, x):
        x = F.relu(self.linear1(x))
        x = F.relu(self.linear2(x))
        x = torch.tanh(self.linear3(x)) # 输入 0~1的值
        return x

class Critic(nn.Module):
    def __init__(self, state_dim, action_dim, hidden_dim=256, init_w=3e-3):
        super(Critic, self).__init__()

        self.linear1 = nn.Linear(state_dim + action_dim, hidden_dim)
        self.linear2 = nn.Linear(hidden_dim, hidden_dim)
        self.linear3 = nn.Linear(hidden_dim, 1)
        # 随机初始化为较小的值
        self.linear3.weight.data.uniform_(-init_w, init_w)
        self.linear3.bias.data.uniform_(-init_w, init_w)

    def forward(self, state, action):
        # 按维数 1拼接
        x = torch.cat([state, action], 1)
        x = F.relu(self.linear1(x))
        x = F.relu(self.linear2(x))
        x = self.linear3(x)
        return x
```

11.5.3　动作采样

DDPG 算法由于输出的是确定性策略，因此不需要像其他策略梯度算法那样，通过高斯分布来采样动作的概率分布，直接输出 Actor 的值即可，如代码清单 11-2 所示。

代码清单 11-2 动作采样

```
class Agent:
    def __init__(self):
        pass
    def update(self):
        # 从经验回放中随机采样一个批量的样本
        state, action, reward, next_state, done = self.memory.sample(self.
batch_size)
        actor_loss = self.critic(state, self.actor(state))
        actor_loss = - actor_loss.mean()

        next_action = self.target_actor(next_state)
        target_value = self.target_critic(next_state, next_action.detach())
        expected_value = reward + (1.0 - done) * self.gamma * target_value
        expected_value = torch.clamp(expected_value, -np.inf, np.inf)

        actual_value = self.critic(state, action)
        critic_loss = nn.MSELoss()(actual_value, expected_value.detach())

        self.actor_optimizer.zero_grad()
        actor_loss.backward()
        self.actor_optimizer.step()
        self.critic_optimizer.zero_grad()
        critic_loss.backward()
        self.critic_optimizer.step()
        #软更新各自目标网络的参数
        for target_param, param in zip(self.target_critic.parameters(), self.
critic.parameters()):
            target_param.data.copy_(
                target_param.data * (1.0 - self.tau) +
                param.data * self.tau
            )
        for target_param, param in zip(self.target_actor.parameters(), self.
actor.parameters()):
            target_param.data.copy_(
```

```
        target_param.data * (1.0 - self.tau) +
        param.data * self.tau
    )
```

核心代码到这里全部实现了，我们展示一下训练曲线，如图 11-4 所示。

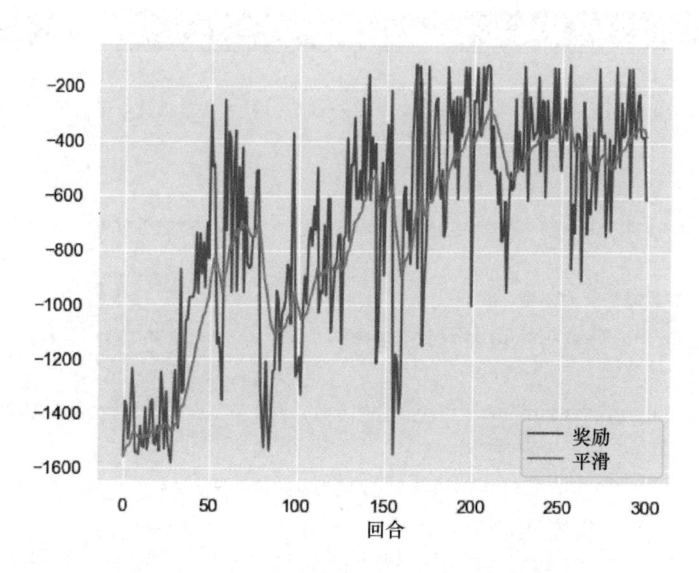

图 11-4　Pendulum 环境中 DDPG 算法训练曲线

这里我们使用了一个具有连续动作空间的环境 Pendulum，如图 11-5 所示。在该环境中，钟摆从随机位置开始摆动，我们的目标是将其向上摆动，使其保持直立。

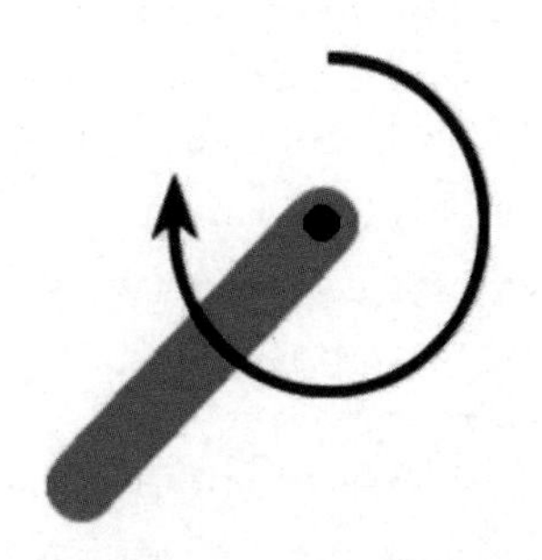

图 11-5　Pendulum 环境

11.6 实战：TD3 算法

如代码清单 11-3 所示，TD3 算法只是在策略更新上与 DDPG 算法有所差异，其他地方基本相同。

代码清单 11-3 TD3 算法

```
def update(self):
    if len(self.memory) < self.explore_steps: # 当经验回放中不满足一个批量时，不更
新策略
        return
    state, action, reward, next_state, done = self.memory.sample(self.batch_
size)
            # 将数据转换为张量
    state = torch.tensor(np.array(state), device=self.device, dtype=torch.
float32)
    action = torch.tensor(np.array(action), device=self.device, dtype=torch.
float32)
    next_state = torch.tensor(np.array(next_state), device=self.
device, dtype=torch.float32)
    reward = torch.tensor(reward, device=self.device, dtype=torch.float32).
unsqueeze(1)
    done = torch.tensor(done, device=self.device, dtype=torch.float32).
unsqueeze(1)
    noise = (torch.randn_like(action) * self.policy_noise).clamp(-self.
noise_clip, self.noise_clip) # 构造加入目标动作的噪声
            # 计算加入了噪声的目标动作
    next_action = (self.actor_target(next_state) + noise).clamp(-self.
action_scale+self.action_bias, self.action_scale+self.action_bias)
            # 计算两个Critic网络对 t+1时刻的状态 -动作对的评分，并选取更小值来计算目标 Q值
    target_q1, target_q2 = self.critic_1_target(next_state, next_action).
detach(), self.critic_2_target(next_state, next_action).detach()
    target_q = torch.min(target_q1, target_q2)
    target_q = reward + self.gamma * target_q * (1 - done)
            # 计算两个Critic网络对 t时刻的状态 -动作对的评分
    current_q1, current_q2 = self.critic_1(state, action), self.critic_2
(state, action)
```

```
        # 计算均方根损失
    critic_1_loss = F.mse_loss(current_q1, target_q)
    critic_2_loss = F.mse_loss(current_q2, target_q)
    self.critic_1_optimizer.zero_grad()
    critic_1_loss.backward()
    self.critic_1_optimizer.step()
    self.critic_2_optimizer.zero_grad()
    critic_2_loss.backward()
    self.critic_2_optimizer.step()
    if self.sample_count % self.policy_freq == 0:
            # 延迟更新，Actor的更新频率低于Critic的更新频率
        actor_loss = -self.critic_1(state, self.actor(state)).mean()
        self.actor_optimizer.zero_grad()
        actor_loss.backward()
        self.actor_optimizer.step()
            #软更新目标网络
        for param,target_param in zip(self.actor.parameters(), self.actor_
target.parameters()):
            target_param.data.copy_(self.tau * param.data + (1 - self.
tau) * target_param.data)
        for param,target_param in zip(self.critic_1.parameters(), self.
critic_1_target.parameters()):
            target_param.data.copy_(self.tau * param.data + (1 - self.
tau) * target_param.data)
        for param,target_param in zip(self.critic_2.parameters(), self.
critic_2_target.parameters()):
            target_param.data.copy_(self.tau * param.data + (1 - self.
tau) * target_param.data)
```

我们同样展示一下训练曲线，在合适的参数设置下 TD3 算法会比 DDPG 算法收敛得更快，如图 11-6 所示。

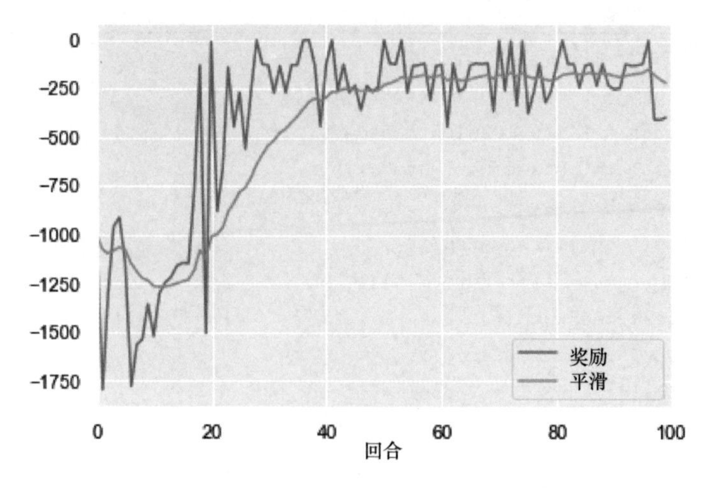

图11-6 Pendulum环境中TD3算法训练曲线

11.7 本章小结

本章主要介绍了强化学习中较为常用的算法，即DDPG和TD3算法，它们虽然在结构上被归类为Actor-Critic算法，但从原理上来说跟DQN算法更为接近，可以说是连续动作空间版本的DQN算法，且只适用于连续动作空间。可以说，在需要确定性策略且处于连续动作空间的前提下，这类算法是比较稳定的基线算法，读者需要熟练掌握。

11.8 练习题

1. DDPG算法是异策略算法吗？为什么？
2. 软更新相比于硬更新的优点是什么？为什么不是所有的算法都用软更新？
3. 相比于DDPG算法，TD3算法做了哪些改进？请简要归纳。
4. TD3算法中Critic的更新频率一般要比Actor快还是慢？为什么？

第 12 章 PPO 算法

本章讲解强化学习中比较重要的 PPO 算法，它在相关应用中有着非常重要的地位，是一个里程碑式的算法。不同于 DDPG 算法，PPO 算法是一类典型的 Actor-Critic 算法，既适用于连续动作空间，也适用于离散动作空间。

PPO 算法是一种基于策略的强化学习算法，由 OpenAI 的研究人员 Schulman 等人在 2017 年提出。PPO 算法的主要思想是通过在策略梯度的优化过程中引入一个重要性权重来限制策略更新的幅度，从而提高算法的稳定性和收敛性。PPO 算法的优点在于简单、易于实现、易于调参，应用十分广泛，正可谓“遇事不决 PPO”。

PPO 的前身是 TRPO 算法，它的提出旨在克服 TRPO 算法中的一些计算上的困难和减弱训练上的不稳定性。TRPO 算法通过定义策略更新的信赖域来保证每次更新的策略不会太偏离当前的策略，以避免过大的更新引起性能下降。然而，TRPO 算法需要解决一个复杂的约束优化问题，计算较为烦琐。本书出于实践的考虑，这种太复杂且几乎已经被淘汰的 TRPO 算法就不赘述了，需要深入研究或者工作面试的读者可以自行查阅相关资料。 接下来将详细讲解 PPO 算法的原理和实现，希望能够帮助读者更好地理解和掌握这个算法。

12.1 重要性采样

在介绍 PPO 算法之前，我们先介绍一个概念，即重要性采样。重要性采样的原理很简单，假设有一个函数 $f(x)$，需要从分布 $p(x)$ 中采样来计算其期望值，但是在某些情况下我们可能很难从$p(x)$中采样，这个时候我们可以从另一个比较容易采样的分布$q(x)$中采样，以间接地达到从$p(x)$中采样的效果。这个过程的数学表达式如式 (12.1) 所示。

$$
\begin{aligned}
\mathbb{E}_{x\sim p(x)}[f(x)] &= \int f(x)p(x)\mathrm{d}x \\
&= \int f(x)\frac{p(x)}{q(x)}q(x)\mathrm{d}x \\
&= \int f(x)\frac{p(x)}{q(x)}\frac{q(x)}{p(x)}p(x)\mathrm{d}x \\
&= \mathbb{E}_{x\sim q(x)}\left[\frac{p(x)}{q(x)}f(x)\right]
\end{aligned}
\tag{12.1}
$$

离散分布的情况可以表达为式 (12.2)。

$$
\mathbb{E}_{p(x)}[f(x)] = \frac{1}{N}\sum f(x_i)\frac{p(x_i)}{q(x_i)} \tag{12.2}
$$

这样一来原问题就变成了只需要从$q(x)$中采样，然后计算两个分布之间的比例$\frac{p(x)}{q(x)}$，这个比例称为**重要性权重**。换句话说，每次从$q(x)$中采样的时候，都需要乘对应的重要性权重来修正采样的偏差，即两个分布之间的差异。这里可能会有一个问题，就是当$p(x)$不为 0 的时候，$q(x)$也不能为 0，但是它们可以同时为 0，这样$\frac{p(x)}{q(x)}$依然有意义，具体的原理在这里并不是很重要，因此就不展开讲解了。

通常来讲，我们把$p(x)$叫作目标分布，$q(x)$叫作提议分布（proposal distribution），那么重要性采样对于提议分布有什么要求呢？其实理论上$q(x)$可以是任何比较好采样的分布，比如高斯分布等，但在实际训练的过程中，读者也不难想到我们还是希望$q(x)$尽可能接近$p(x)$，即重要性权重尽可能接近 1。我们可以从方差的角度来具体展开讲讲为什么需要重要性权重尽可能接近 1，回忆一下方差公式，如式 (12.3) 所示。

$$
\mathrm{Var}_{x\sim p}[f(x)] = \mathbb{E}_{x\sim p}[f(x)^2] - (\mathbb{E}_{x\sim p}[f(x)])^2 \tag{12.3}
$$

结合重要性采样公式，我们可以得到式 (12.4)。

$$
\begin{aligned}
\mathrm{Var}_{x\sim q}\left[f(x)\frac{p(x)}{q(x)}\right] &= \mathbb{E}_{x\sim q}\left[\left(f(x)\frac{p(x)}{q(x)}\right)^2\right]-\left(\mathbb{E}_{x\sim q}\left[f(x)\frac{p(x)}{q(x)}\right]\right)^2 \\
&= \mathbb{E}_{x\sim p}\left[f(x)^2\frac{p(x)}{q(x)}\right]-(\mathbb{E}_{x\sim p}[f(x)])^2
\end{aligned} \tag{12.4}
$$

不难看出，当$q(x)$越接近$p(x)$的时候（即重要性权重越接近 1 的时候），方差就越小。

其实重要性采样也是蒙特卡罗估计的一部分，只不过它是一种比较特殊的蒙特卡罗估计，允许我们在复杂问题中利用已知的简单分布进行采样，从而避免直接采样困难分布的问题，同时通过适当的权重调整，可以使得蒙特卡罗估计更接近真实结果。

12.2　PPO 算法

既然重要性采样本质上是一种在某些情况下更优的蒙特卡罗估计，结合第 10 章中讲到的策略梯度算法的高方差主要来源于 Actor 的策略梯度估计，读者应该不难猜出 PPO 算法具体优化什么了。没错，PPO 算法的核心思想就是通过重要性采样来优化原来的策略梯度估计，其目标函数表示如式 (12.5) 所示。

$$
\begin{aligned}
J^{\mathrm{TRPO}}(\theta) &= \mathbb{E}[r(\theta)\hat{A}_{\theta_{\mathrm{old}}}(s,a)] \\
r(\theta) &= \frac{\pi_\theta(a\mid s)}{\pi_{\theta_{\mathrm{old}}}(a\mid s)}
\end{aligned} \tag{12.5}
$$

此时的损失就是置信区间的部分，一般称作 TRPO 损失。这里旧策略分布$\pi_{\theta_{\mathrm{old}}}(a\mid s)$就是重要性权重部分的目标分布$p(x)$，目标分布是很难采样的，所以在计算重要性权重的时候这部分通常用上一次与环境交互采样中的概率分布来近似。$\pi_\theta(a\mid s)$则是提议分布，即通过当前网络的输出形成类别分布（离散动作）或者高斯分布（连续动作）。

读者可能对这个公式感到陌生，它似乎少了 Actor-Critic 算法中的 logits_p，但其实这个公式等价于式 (12.6)。

$$
J^{\mathrm{TRPO}}(\theta) = \mathbb{E}_{(s_t,a_t)\sim\pi_{\theta'}}\left[\frac{p_\theta(a_t\mid s_t)}{p_{\theta'}(a_t\mid s_t)}A^{\theta'}(s_t,a_t)\nabla\log p_\theta(a_t^n\mid s_t^n)\right] \tag{12.6}
$$

换句话说，本质上 PPO 算法就是在 Actor-Critic 算法的基础上增加了重要性采样的约束，从而确保每次的策略梯度估计都不会过分偏离当前的策略，也就是减小了策略梯度估计的方差，从而提高算法的稳定性和收敛性。

前面我们提到过，重要性权重最好尽可能接近 1，而在训练过程中这个权重是不会自动地约束到 1 附近的，因此我们需要在损失函数中加入一个约束项或者正则项，保证重要性权重不会偏离 1 太远。具体的约束方法有很多种，比如 KL 散度、JS 散度等，但通常我们会使用两种约束方法，一种是 clip 约束 ，另一种是 KL 约束。clip 约束如式 (12.7) 所示。

$$J_{\text{clip}}(\theta)=\hat{\mathbb{E}}_t\left[\min(r_t(\theta)\hat{A}_t,\text{clip}(r_t(\theta),1-\varepsilon,1+\varepsilon)\hat{A}_t)\right] \tag{12.7}$$

其中ε是较小的超参数，一般取 0.1 左右。clip 约束的作用就是始终将重要性权重$r(\theta)$裁剪在 1 的邻域范围内，实现起来非常简单。

KL 约束如式 (12.8) 所示。

$$J_{\text{KL}}(\theta)=\hat{\mathbb{E}}_t\left[\frac{\pi_\theta(a_t\mid s_t)}{\pi_{\theta_{\text{old}}}(a_t\mid s_t)}\hat{A}_t-\beta\text{KL}[\pi_{\theta_{\text{old}}}(\cdot\mid s_t),\pi_\theta(\cdot\mid s_t)]\right] \tag{12.8}$$

KL 约束一般也叫 KL 惩罚（KL-penalty），它的意思是在 TRPO 损失的基础上，加上一个 KL 散度的惩罚项，这个惩罚项的系数β一般取 0.01 左右。这个惩罚项的作用是保证每次更新的策略分布都不会偏离上一次的策略分布太远，从而保证重要性权重不会偏离 1 太远。在实践中，我们一般使用 clip 约束，因为它更简单，计算成本较低，而且效果也更好。

到这里，我们就基本讲完了 PPO 算法的核心内容，其实在熟练掌握 Actor-Critic 算法的基础上，学习这一类的其他算法是不难的，读者只需要注意每个算法在 Actor-Critic 框架上做了哪些改进，取得了什么效果即可。

12.3 一个常见的误区

在前面，我们讲过同策略算法和异策略算法，前者使用当前策略生成样本，并基于这些样本来更新当前策略，后者则可以使用过去的策略采集样本来更新当前策略。同策略算法的数据利用效率较低，因为每次策略更新后，旧的样本或经验可能就不再适用，通常需要重新采样。而异策略算法由于可以利用历史经验，一般使用经验回放来存储和重复利用之前的经验，数据利用效率则较高，因为同一批数据可以用于多次更新。但由于经验的再利用，可能会引入一定的偏见，但这也有助于稳定学习。但在需要即时学习和适应的环境中，同策略算法可能更为适合，因为它们直接在当前策略下操作。

那么 PPO 算法究竟是同策略算法还是异策略算法呢？有读者可能会因为 PPO 算法在更新时重要性采样的部分中利用了旧的 Actor 采样的样本，就觉得 PPO 算法是异策略算法。实际上虽然这批样本是从旧的策略中采样得到的，但我们并没有直接使用这些样本更新我们的策略，而是使用重要性采样先将数据分布不同导致的误差进行修正，即使两者样本分布之间的差异尽可能减小。换句话说，重要性采样之后的样本虽然是由旧策略采样得到的，但可以近似为从更新后的策略中得到的，即我们要优化的 Actor 和采样的 Actor 是同一个，因此 **PPO 算法是同策略算法**。

12.4 实战：PPO 算法

12.4.1 PPO 算法伪代码

如图 12-1 所示，与异策略算法不同，PPO 算法每次会采样若干个时步的样本，然后利用这些样本更新策略，而不是将其存入经验回放中进行采样更新。

PPO算法

1: 初始化策略网络（Actor）参数 θ 和价值网络（Critic）参数 ϕ
2: 初始化clip参数 ε
3: 初始化轮次参数 K
4: 初始化经验回放 D
5: **for** 回合数 $= 1, M$ **do**
6: 　使用策略 π_θ 采样 C 个时步数据, 收集轨迹 $\tau = s_0, a_0, r_1, \cdots, s_t, a_t, r_{t+1}, \cdots$ 到经验回放 D 中
7: 　**for**轮次参数 $k = 1, K$ **do**
8: 　　计算折扣奖励 $\hat{R}_t$
9: 　　计算优势函数，即 $A^{\pi_{\theta_k}} = V_{\phi_k} - \hat{R}_t$
10: 　　结合重要性采样计算 Actor 损失，如下：
11: 　　$L^{\text{clip}}(\theta) = \frac{1}{|D_k|T}\sum_{\tau \in D_k}\sum_{t=0}^{T}\min(\frac{\pi_\theta(a_t|s_t)}{\pi_{\theta_k}(a_t|s_t)}A^{\pi_{\theta_k}}(s_t, a_t), g(\varepsilon, A^{\pi_{\theta_k}}(s_t, a_t)))$

图 12-1　PPO算法伪代码

12: 梯度下降更新 Actor 参数：$\theta_{k+1} \leftarrow \theta_k + \alpha_\theta L^{\text{clip}}(\theta)$
13: 更新 Critic 参数:
14: $\phi_{k+1} \leftarrow \phi_k + \alpha_\phi \frac{1}{|D_k|T} \sum_{\tau \in D_k} \sum_{t=0}^{T} (V_{\phi_k}(s_t) - \hat{R}_t)^2$
15: **end for**
16: **end for**

图 12-1 PPO 算法伪代码（续）

12.4.2 PPO 算法更新

无论是连续动作空间还是离散动作空间，PPO 算法的动作采样方式与前面所讲的 Actor-Critic 算法的是一样的，在本次实战中就不展开介绍，读者可在“JoyRL”代码仓库中查看完整代码。我们主要看看更新策略的方式，如代码清单 12-1 所示。

代码清单 12-1 PPO 算法更新

```
def update(self):
    # 采样样本
    old_states, old_actions, old_log_probs, old_rewards, old_dones = self.
memory.sample()
    # 将样本转换成张量
    old_states = torch.tensor(np.array(old_states), device=self.device,
dtype=torch.float32)
    old_actions = torch.tensor(np.array(old_actions), device=self.
device, dtype=torch.float32)
    old_log_probs = torch.tensor(old_log_probs, device=self.device, dtype=
torch.float32)
    # 计算回报
    returns = []
    discounted_sum = 0
    for reward, done in zip(reversed(old_rewards), reversed(old_dones)):
        if done:
            discounted_sum = 0
        discounted_sum = reward + (self.gamma * discounted_sum)
        returns.insert(0, discounted_sum)
    # 归一化
```

```
    returns = torch.tensor(returns, device=self.device, dtype=torch.float32)
    returns = (returns - returns.mean()) / (returns.std() + 1e-5) # 1e-5 to
avoid division by zero
    for _ in range(self.k_epochs): # 小批量随机梯度下降
        #  计算优势
        values = self.critic(old_states)
        advantage = returns - values.detach()
        probs = self.actor(old_states)
        dist = Categorical(probs)
        new_probs = dist.log_prob(old_actions)
        # 计算重要性权重
        ratio = torch.exp(new_probs - old_log_probs) #
        surr1 = ratio * advantage
        surr2 = torch.clamp(ratio, 1 - self.eps_clip, 1 + self.eps_clip) *
advantage
        # 注意 dist.entropy().mean()的作用是最大化策略熵
        actor_loss = -torch.min(surr1, surr2).mean() + self.entropy_coef *
dist.entropy().mean()
        critic_loss = (returns - values).pow(2).mean()
        # 反向传播
        self.actor_optimizer.zero_grad()
        self.critic_optimizer.zero_grad()
        actor_loss.backward()
        critic_loss.backward()
        self.actor_optimizer.step()
        self.critic_optimizer.step()
```

注意，在更新算法时由于每次采样的轨迹往往包含的样本较多，我们利用小批量随机梯度下降将样本随机切分成若干个部分，然后一个批量一个批量地更新策略参数。最后我们展示 PPO 算法在 CartPole 环境中的训练效果，如图 12-2 所示。此外，在更新 Actor 参数时，我们增加了一个最大化策略熵的正则项中。

可以看到，与 A2C 算法相比，PPO 算法的收敛是更加快速且稳定的。

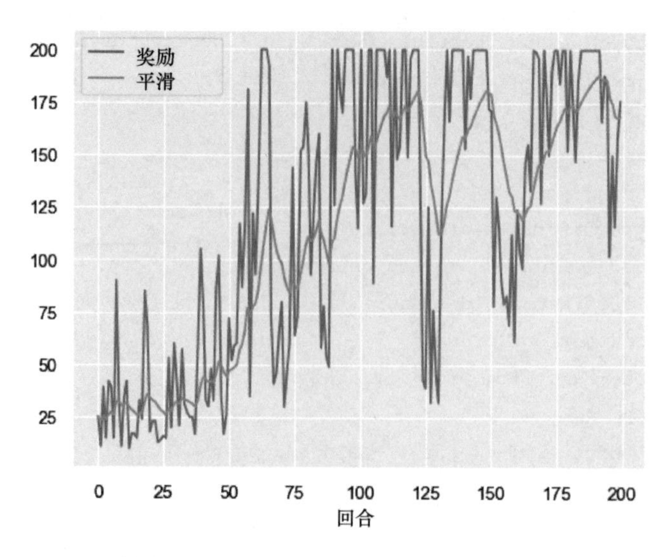

图 12-2 CartPole环境中PPO算法训练曲线

12.5 本章小结

本章主要介绍了强化学习中广泛使用的 PPO 算法，它既适用于离散动作空间，也适用于连续动作空间，并且快速稳定，调参相对简单。与其他算法相比，PPO 算法更像是一种实践上的创新，主要利用了重要性采样来提高 Actor-Critic 架构的收敛性，也是各类强化学习研究中比较常见的一类基线算法。

12.6 练习题

1. 为什么 DQN 和 DDPG 算法不使用重要性采样技巧呢？

2. PPO 算法从原理上看是同策略算法，但它可以是异策略算法吗，或者说可以用经验回放来提高其训练速度吗？为什么？（提示：是可以的，但条件比较严格。）

3. PPO 算法更新过程中在将轨迹样本切分为多个小批量样本的时候，可以将这些样本顺序打乱吗？为什么？

4. 为什么说重要性采样是一种特殊的蒙特卡罗采样？

练习题答案

第2章

1. 强化学习所解决的问题一定要严格符合马尔可夫性质吗？请举例说明。

答：不一定。例如在围棋游戏场景中，不仅需要考虑当前棋子的位置，还需要考虑棋子的历史位置，因此该问题不符合马尔可夫性质。但它依然可以使用强化学习解决，例如在 AlphaGo 论文中使用了蒙特卡罗搜索树算法来解决这个问题。在一些时序性场景中，也可以通过引入记忆单元来解决这个问题，例如在 DQN 算法中，使用记忆单元来存储历史状态，从而解决了这个问题。

2. 马尔可夫决策过程五元组主要包含哪些要素？

答：马尔可夫决策过程五元组$\langle S,A,R,P,\gamma\rangle$主要包含状态空间$S$、动作空间$A$、奖励函数$R$、状态转移概率矩阵$P$、折扣因子$\gamma$等要素，其中状态转移概率矩阵$P$是环境的一部分，而其他要素是智能体的一部分。在实际应用中，通常还包含值函数V和策略函数π等要素，值函数用于确认某个状态下的长期累积奖励，策略函数用于确认某个状态下的动作选择。

3. 本章介绍的马尔可夫决策过程与金融科学中的马尔可夫链有什么区别与联系？

答：马尔可夫链是一个随机过程，其下一个状态只依赖于当前状态而不受历史状态的影响，即符合马尔可夫性质。马尔可夫链由状态空间、初始状态分布和状态转移概率矩阵组成。马尔可夫决策过程是一种基于马尔可夫链的决策模型，它包含状态空间S、动作空间A、奖励函数R、状态转移概率矩阵P、折扣因子γ等要素。马尔可夫决策过程中的状态和状态转移概率符合马尔可夫性质，但与马尔可夫链的区别在于它还包括动作、奖励、值函数和策略函数等要素，用于描述在给定状态下智能体如何选择动作以获得最大的长期累积奖励。

第 3 章

1. 动态规划问题的性质主要有哪些？

答：动态规划问题的性质主要包括最优化原理、无后效性和有重叠子问题，其中无后效性指的是某状态以后的过程不会影响以前的状态，这十分符合马尔可夫性质，因此动态规划问题可以看作马尔可夫决策过程的一种特殊情况。

2. 状态价值函数和动作价值函数之间的关系是什么？

答：状态价值函数是所有可能动作的动作价值函数的均值，也就是说，对于一个状态 s，其状态价值函数 $V(s)$ 等于所有可能动作 a 的动作价值函数 $Q(s,a)$ 的均值，即 $V(s)=1/|A(s)|\times\Sigma Q(s,a)$，其中 $|A(s)|$ 表示在状态 s 下可用的动作数。

3. 策略迭代算法和价值迭代算法中哪个算法的收敛速度更快？

答：一般情况下，价值迭代算法的收敛速度比策略迭代算法快。因为价值迭代算法在每次迭代中更新所有状态的价值函数，而策略迭代算法需要在每次迭代中更新策略和状态的价值函数，因此策略迭代算法的计算量比价值迭代算法的大。此外，策略迭代算法每次迭代都需要进行一次策略估计和一次策略改进，而价值迭代算法只需要进行一次价值迭代，因此策略迭代算法的迭代次数通常比价值迭代算法多。

第 4 章

1. 有模型算法与免模型算法的区别是什么？列举一些相关的算法。

答：有模型算法在学习过程中使用环境模型，即环境的状态转移概率函数和奖励函数，以推断出最优策略。这种算法会先学习环境模型，然后使用模型来生成策略。因此，有模型算法需要对环境进行建模，需要先了解环境的状态转移概率和奖励函数，包括动态规划等算法。免模型算法不需要对环境进行建模，而是直接通过试错来学习最优策略。这种算法会通过与环境的交互来学习策略，不需要先了解环境的状态转移概率函数和奖励函数。免模型算法可以直接从经验中学习，因此更加灵活，包括 Q-learning、Sarsa 等算法。

2. 举例说明预测与控制的区别与联系。

答：如下。

区别：预测主要关注如何预测当前状态或动作的价值或概率分布等信息，而不涉及选择动作的问题；控制则是在预测的基础上，通过选择合适的动作来最大化累积奖励，即学习一个最优策略。

联系：预测是控制的基础，因为在控制中需要对当前状态或动作进行预测才能选择最优的动作；控制中的策略通常是根据预测获得的状态或动作价值函数得到的，因此预测对于学习最优策略是至关重要的。以赌博机问题为例，预测用于估计每个赌博机的期望奖励（即价值函数），控制用于选择最优的赌博机来最大化累积奖励。在预测时，我们可以使用多种算法来估计每个赌博机的期望奖励，如蒙特卡罗方法、时序差分方法等。在控制时，我们可以使用贪心策略或 ε-greedy 策略来选择赌博机，这些策略通常是根据预测得到的每个赌博机的期望奖励来确定的。因此，预测对于控制的实现至关重要。

3. 说明蒙特卡罗方法和时序差分方法的优缺点。

答：如下。

- **蒙特卡罗方法优点**：可以直接从经验中学习，不需要环境的状态转移概率；收敛性良好，可以保证在有限步内收敛到最优策略；可以处理长期回报问题，无折扣因子情况也可以使用。
- **蒙特卡罗方法缺点**：需要等到一条完整的轨迹结束才能更新价值函数，因此效率较低；对于连续状态空间和动作空间的问题，蒙特卡罗方法难以解决。
- **时序差分方法优点**：可以在交互的过程中逐步更新价值函数，效率较高；可以解决连续状态空间和动作空间的问题；可以结合函数逼近方法使用，能很好地解决高维状态空间的问题。
- **时序差分方法缺点**：更新过程中存在一定的方差，可能会影响收敛速度和稳定性；对于无折扣因子情况，需要采取一些特殊的方法来保证收敛。

总的来说，蒙特卡罗方法对于离散状态空间的问题，特别是存在长期回报的问题有很好的适用性，但是其效率较低；时序差分方法则可以高效地解决连续状态空间和动作空间的问题，但是其更新过程中存在方差问题。在实际应用中需要根据问题的特点和实际情况选择合适的方法。

第 5 章

1. 什么是 Q 值的过估计？它有什么缓解的方法吗？

答：Q 值的过估计是指在强化学习中，由于采样数据的不充分或者算法本身的限制，导致学习到的状态或动作价值函数高估了它们的真实值。Q 值的过估计会影响强化学习算法的性能和稳定性，因此需要采取相应的缓解方法。一些缓解 Q 值的过估计的方法如下。

- **双重 Q 学习**（double Q-learning）：将一个 Q 函数的更新过程分为两步，分别用来更新动作价值函数和目标值，从而缓解 Q 值的过估计。
- **优先经验回放**：在经验回放中，根据每条经验的 TD 误差大小来选择回放的概率，使得 TD 误差大的经验更有可能被回放，从而更好地修正价值函数。
- **目标网络**：使用目标网络来计算目标值，目标网络的参数较稳定，不会随着每次当前网络更新而改变，从而缓解价值函数的过估计问题。
- **随机探索策略**：采用一些随机探索策略，如 ε-greedy 策略、高斯噪声等，可以使得智能体更多地探索未知的状态和动作，从而缓解价值函数的过估计问题。

这些方法可以在不同的强化学习算法中使用，比如 DQN、Double DQN、Dueling DQN 等。选择合适的方法可以有效地缓解价值函数的过估计问题。

2. 同策略与异策略之间的区别是什么？

答：同策略指的是学习一个策略时，使用同一策略来搜集样本，并且利用这些样本来更新该策略，即学习的策略和探索的策略是相同的。异策略指的是学习一个策略时，使用不同于目标策略的行为策略来搜集样本，并且利用这些样本来更新目标策略，即学习的策略和探索的策略是不同的。在强化学习中，通常使用

Q-learning、Sarsa 等算法来实现异策略学习，而使用策略梯度等算法来实现同策略学习。同策略学习的优点是可以较好地解决连续动作空间的问题，并且可以保证学习到的策略收敛到最优策略。但是其缺点是样本的利用效率较低，因为样本只能用于更新当前策略，不能用于更新其他策略。异策略学习的优点是样本的利用效率较高，因为可以使用不同的行为策略来搜集样本，并且利用这些样本来更新目标策略。但是其缺点是可能会出现样本不一致的问题，即目标策略和行为策略不同，这会导致学习不稳定。因此，在实际应用中需要根据具体问题的特点和实际情况选择合适的学习方式。

3. 为什么需要探索策略?

答：探索策略是强化学习中非常重要的一个概念，需要探索策略的原因有：强化学习的目标是学习一个最优策略，但初始时我们并不知道最优策略，因此需要通过探索来发现最优策略；在强化学习中，往往存在许多未知的状态和动作，如果智能体只采用已知策略，那么它将无法探索到未知的状态和动作，从而可能错过最优策略；探索策略可以避免智能体陷入局部最优解问题，从而更有可能找到全局最优解；探索策略可以提高智能体的鲁棒性，使其对环境的变化更加适应。常用的探索策略包括 ε-greedy 策略、softmax 函数、高斯噪声等。

第 6 章

1. 逻辑回归模型与神经网络模型之间有什么联系?

答：如下。

- **相同点**：逻辑回归模型和神经网络模型都属于监督学习模型，都可以用于解决分类问题。此外，神经网络模型的某些特殊形式也可以看作逻辑回归模型。
- **不同点**：逻辑回归模型是一种线性分类器，它通过对特征进行加权求和并使用 sigmoid 函数来得到样本属于某个类别的概率。而神经网络模型则是一种非线性分类器，它通过多个神经元的组合来实现对样本的分类。
- **适用范围**：逻辑回归模型适用于特征空间较简单的分类问题，而神经网络模型适用于特征空间较复杂的分类问题。

- **训练方式**：逻辑回归模型的参数通常通过最大似然估计或梯度下降等方式进行训练，而神经网络模型的参数通常通过反向传播算法进行训练。
- **模型复杂度**：相对于逻辑回归模型，神经网络模型的复杂度更高，可以通过增加神经元的数量、层数等方式来提高模型的性能。

2. 全连接网络、卷积神经网络、循环神经网络分别适用于什么场景？

答：全连接网络是一种基本的神经网络，每个神经元都与上一层的所有神经元相连。全连接网络适用于输入数据维度较低、数据量较小的场景，例如手写数字识别等。卷积神经网络的核心是卷积层和池化层。卷积神经网络适用于图像、语音等二维或多维数据的处理，可以有效地利用数据的局部特征，例如它可用于图像分类、目标检测等。循环神经网络是一种处理序列数据的神经网络，其核心是循环层，可以捕捉时序数据中的长期依赖关系。循环神经网络适用于序列数据的建模，例如自然语言处理、音乐生成等。需要注意的是，3 种神经网络并不是相互独立的，它们可以灵活地组合使用，例如可以在卷积神经网络中嵌入循环神经网络来处理视频数据等。在实际应用中需要根据具体的问题特点和数据情况来选择合适的神经网络。

3. 循环神经网络在反向传播时会比全连接网络慢吗？为什么？

答：循环神经网络在反向传播时会比全连接网络会更慢，主要原因如下。

- **循环依赖**：循环神经网络存在时间上的依赖关系，即当前时刻的隐藏状态依赖于上一时刻的隐藏状态。这种循环依赖会导致反向传播时梯度的计算变得复杂，需要使用反向传播算法中的 BPTT（back propagation through time，时间反向传播）算法来进行梯度的计算，计算量较大，因此速度较慢。
- **长期依赖**：循环神经网络在处理长序列时，会出现梯度消失或梯度爆炸的问题，这是反向传播时梯度在时间上反复相乘或相加导致的。为了解决这个问题，需要采用一些技巧，如使用 LSTM 和 GRU 等。相比之下，全连接网络不存在循环依赖关系，因此反向传播时梯度的计算较为简单，计算量较小，速度较快。需要注意的是，循环神经网络在处理序列数据方面具有独特的优势，它可以处理变长的序列数据，也可以捕捉到序列中的长期依赖关系，因此它在序列建模等方面被广泛应用。

第7章

1. 相比于Q-learning算法，DQN算法做了哪些改进？

答：主要改进如下。

- **引入深度神经网络**：Q-learning算法中使用Q表格来存储动作价值函数，但对于状态空间较大的问题，Q表格会变得不可行。DQN通过引入深度神经网络来近似动作价值函数，以解决高维连续状态空间的问题。
- **经验回放**：传统的Q-learning算法每次更新时只使用当前状态和动作的信息，但这种方式可能会导致样本之间的强相关性和不稳定。DQN采用经验回放机制，将由所有的状态、动作、奖励、下一状态组成的经验存储在经验池中，然后从经验池中随机采样进行训练，这样可以缓解样本的强相关性和不稳定问题。
- **目标网络**：DQN还引入目标网络来解决动作价值函数的不稳定问题。目标网络是一个与当前网络结构相同的神经网络。在训练时，使用目标网络来计算目标Q值，可以降低当前网络参数对目标Q值的影响，提高训练的稳定性。
- **奖励裁剪**：在某些情况下，奖励值可能非常大或非常小，这可能会导致训练不稳定。DQN采用奖励裁剪，将奖励值限制在一个较小的范围内，从而在一定程度上提高了训练的稳定性。

2. 为什么要在DQN算法中引入ε-greedy策略？

答：目的是平衡探索和利用的关系。具体来说，ε-greedy策略会以一定的概率ε随机选择动作，以一定的概率$1-\varepsilon$选择当前状态下具有最大Q值的动作，从而在训练过程中保证一定的探索性，使得智能体能够尝试一些未知的状态和动作，以获得更多的奖励。如果在训练过程中完全按照当前状态下的最大Q值选择动作，可能会导致智能体过于保守，无法获得更多的奖励。而如果完全随机选择动作，可能会导致智能体无法学习到更优的策略，从而影响学习效果。因此，引入ε-greedy策略可以平衡探索和利用之间的关系，从而在训练过程中获得更好的性能。需要注意的是，ε-greedy策略中的ε是一个重要的超参数，需要根据具体问题进行调整。如果ε值过小，可能会导致智能体无法充分探索环境；如果

ε值过大，可能会导致智能体无法有效地利用已有的经验。

3. DQN 算法为什么要引入目标网络？

答：其目的是解决动作价值函数的不稳定问题。目标网络是一个与当前网络结构相同的网络，但其参数在一段时间内保持固定。在训练时，使用目标网络来计算目标 Q 值，可以降低当前网络参数对目标 Q 值的影响，进而提高训练的稳定性。具体来说，当使用当前网络来计算目标 Q 值时，当前网络的参数和目标 Q 值的计算都是基于同一批数据的，这可能导致训练过程中出现不稳定的情况。而使用目标网络来计算目标 Q 值时，目标网络的参数是固定的，不会受到当前网络的训练过程的影响，因此可以提高训练的稳定性。同时，目标网络的更新是基于一定的规则进行的。在每个训练步骤中，目标网络的参数被更新为当前网络的参数的加权平均值，其权重由超参数τ控制。通过这种方式，目标网络的更新过程更加平稳，避免了训练过程中出现剧烈的波动，从而提高了训练的效率和稳定性。因此，引入目标网络是 DQN 算法的一个重要改进，可以显著提高算法的性能和稳定性。

4. 经验回放的主要作用是什么？

答：经验回放的主要作用是缓解样本强相关性和不稳定问题，提高算法的训练效率和稳定性。

- **缓解样本强相关性问题**：在深度强化学习中，每个样本通常都是与前几个样本高度相关的。如果直接使用当前样本进行训练，可能会导致样本之间的相关性过高，从而影响算法的训练效果。经验回放机制通过从经验回放中随机采样，可以减弱样本之间的强相关性，提高训练的效率。
- **缓解不稳定问题**：在深度强化学习中，每个样本的值函数都是基于当前神经网络的参数计算的。由于神经网络的参数在每个训练步骤中都会发生变化，因此每个样本的值函数也会随之变化，这可能会导致算法的训练过程不稳定。经验回放机制通过随机采样的方式，减少了每个训练步骤中样本值函数的变化，从而提高了训练的稳定性。

第 8 章

1. DQN 算法为什么会产生 Q 值的过估计问题?

答：原因主要如下。

- **数据相关性**：每次更新神经网络时，DQN 算法使用的都是之前采集到的数据，这些数据之间存在相关性。这导致神经网络的训练过程不稳定，可能会产生 Q 值的过估计问题。
- **最大化操作**：DQN 算法在更新目标 Q 值时，使用的是当前神经网络在下一个状态下具有最大 Q 值的动作。这种最大化操作可能会导致某些状态和动作的 Q 值被过估计。

为了解决这个问题，可以采用一些技术，如使用 Double DQN 和 Dueling DQN。Double DQN 使用一个神经网络来估计当前状态下各个动作的 Q 值，使用另一个神经网络来计算目标 Q 值，从而解决 Q 值的过估计问题。Dueling DQN 则将 Q 值分解为状态值和优势值两部分，从而更准确地估计 Q 值，解决 Q 值的过估计问题。这些技术可以有效地解决 Q 值的过估计问题，提高 DQN 算法的性能。

2. 同样是提高探索能力，ε-greedy 策略和 Noisy DQN 有什么区别?

答：ε-greedy 策略是一种基于概率的探索策略，其思想是在每个时步中，以概率 ε 选择一个随机动作，以概率 $1-\varepsilon$ 选择当前状态下具有最大 Q 值的动作。当随机动作被选择时，智能体有一定的概率探索新的状态和动作，从而提高探索能力。ε-greedy 策略的优点是简单易用，但可能存在随机性过高或过低的问题，影响探索效果。Noisy DQN 是一种基于网络权重噪声的探索策略，其思想是在神经网络中添加一定的权重噪声，以增强探索的随机性。在每个时步中，神经网络中的权重噪声会随机地改变神经元的输出，从而改变智能体选择动作的概率分布。Noisy DQN 的优点是能够自适应地控制探索随机性，从而更加有效地提高探索能力。

第 9 章

1. 基于价值的算法和基于策略的算法各有什么优缺点？

答：基于价值的算法的优点如下。

- **简单易用**：通常只需要学习一个价值函数，往往收敛性更好。
- **保守更新**：更新策略通常是隐式的，通过更新价值函数来间接地改变策略，这使得学习可能更加稳定。

基于价值的算法的缺点如下。

- **受限于离散动作**。
- **可能存在多个等效的最优策略**：当存在多个等效的最优策略时，基于价值的算法可能会在它们之间不停地切换。

基于策略的算法的优点如下。

- **直接优化策略**：由于这些算法直接操作在策略上，所以它们可能更容易找到更好的策略。
- **适用于连续动作空间**。
- **更高效的探索策略**：通过调整策略的随机性，基于策略的算法可能会有更高效的探索策略。

基于策略的算法的缺点如下。

- **高方差**：策略更新可能会带来高方差，这可能导致需要更多的样本来学习。
- **可能会收敛到局部最优解**：基于策略的算法可能会收敛到策略的局部最优解，而不是全局最优解，且收敛较缓慢。

在实践中，还存在结合基于价值和基于策略的算法，即 Actor-Critic 算法，它试图结合两者的优点来克服各自的缺点。选择哪种算法通常取决于具体的应用和其特点。

2. 马尔可夫链平稳分布需要满足什么条件？

答：**状态连通性**。从任何一个状态出发可以在有限的步数内切换到另一个状态。

非周期性：马尔可夫链由于需要收敛，就一定不能是周期性的。

3. REINFORCE 算法比 Q-learning 算法的训练速度快吗？为什么？

答：两者的训练速度不能一概而论，尽管前者往往比后者慢。判断算法训练速度的快慢主要考虑以下几个因素。

样本交互效率：REINFORCE 算法中对值函数的估计是无偏的，但其方差可能很高，这意味着为了得到一个稳定和准确的策略更新，它可能需要与环境交互更多的样本，如果与环境交互的成本很高，REINFORCE 算法将会处于劣势。

稳定性：Q-learning 和其他基于价值的算法，特别是深度神经网络结合时，可能会遇到训练不稳定的问题，这可能会影响其训练速度。

4. 确定性策略与随机性策略有什么区别？

答：对于同一个状态，确定性策略会给出一个明确的、固定的动作，随机性策略则会为每一个合法动作（legal action）提供一个概率分布。前者在训练中往往需要额外的探索策略，后者则只需要调整动作概率。但前者更容易优化，因为不需要考虑所有可能的动作，但也容易受到噪声的影响。后者则具有更强的鲁棒性，适用范围更广，因为在很多的实际问题中，我们往往无法得到一个确定的最优策略，而只能得到一个概率分布，尤其是在博弈场景中。

第 10 章

1. 相比于 REINFORCE 算法，A2C 算法主要的改进点在哪里？

答：A2C 算法主要的改进点如下。

- **优势估计**：可以更好地区分好的动作和坏的动作，同时减小优化中的方差，从而提高梯度的精确性，使得策略更新更有效率。
- **使用 Critic**：REINFORCE 算法通常只使用 Actor，没有使用 Critic 来辅助估计动作的价值，效率更低。
- **并行化**：并行化的 A2C 即 A3C，允许在不同的环境中并行运行多个智能体，每个智能体搜集数据并进行策略更新，这样训练速度会更快。

2. A2C 算法是同策略算法吗？为什么？

答：A2C 算法使用当前策略的样本数据来更新策略，它的优势估计依赖于当前策略的动作价值估计，并且使用策略梯度方法进行更新，因此它是同策略算法。但它可以被扩展以支持异策略学习，比如引入经验回放，但这可能需要更多的调整，以确保算法的稳定性和性能。

第 11 章

1. DDPG 算法是异策略算法吗？为什么？

答：与 DQN 算法一样，DDPG 算法主要结合了经验回放、目标网络和确定性策略，是典型的异策略算法。

2. 软更新相比于硬更新的优点是什么？为什么不是所有的算法都用软更新？

答：优点如下。

- **平滑目标更新**：软更新通过逐渐调整目标网络的参数，使其向主网络的参数靠近，而不是直接复制主网络的参数。这样做可以减小目标网络的变化幅度，降低训练中的不稳定性。
- **降低方差**。
- **减少振荡**：软更新可以减少目标网络和主网络之间的振荡，这有助于更稳定地收敛到良好的策略。

不是所有的算法都用软更新的原因如下。

- **速度**：软更新会使目标网络变得更加缓慢。
- **探索和稳定性权衡**：一些算法可能更倾向于使用硬更新，因为它们可能需要更频繁地探索新的策略，而不依赖于过去的经验。硬更新允许在每次更新时完全用新策略替代旧策略。
- **算法需求**：某些算法可能对硬更新更敏感，而且硬更新可能是这些算法的关键组成部分。

综上所述，软更新和硬更新都有其用途，选择哪种方式取决于具体的问题和算法需求。

3. 相比于 DDPG 算法，TD3 算法做了哪些改进？请简要归纳。

答：TD3 做的改进如下。

- **双 Q 网络**：TD3 使用两个独立的 Q 网络，它们分别用于估计动作的价值。

这两个 Q 网络有不同的参数，这有助于减少估计误差，并提高训练的稳定性。

- **目标策略噪声**：与 DDPG 不同，TD3 将噪声添加到目标策略，而不是主策略。这有助于减小动作值的过估计误差。
- **目标策略平滑化**：TD3 使用目标策略平滑化技术，通过对目标策略的参数进行软更新来减小目标策略的变化幅度。这有助于提高稳定性和训练的收敛性。
- **延迟更新**：TD3 引入了延迟更新，这意味着每隔一定数量的时步才更新主策略网络。这可以减小策略更新的频率，有助于减小过度优化的风险，提高稳定性。

4. TD3 算法中 Critic 的更新频率一般要比 Actor 快还是慢？为什么？

答：Critic 的更新频率一般要比 Actor 快，即采用延迟更新。延迟更新的目的是降低策略更新的频率，以避免过度优化和提高训练的稳定性。因为 Critic 的更新频率更高，它可以更快地适应环境的变化，提供更准确的动作价值估计，从而帮助 Actor 生成更好的策略。

第 12 章

1. 为什么 DQN 和 DDPG 算法不使用重要性采样技巧呢？

答：DQN 和 DDPG 是异策略算法，它们通常不需要重要性采样来处理不同策略下的采样数据。它们使用目标网络和优势估计等技巧来提高训练的稳定性和性能。

2. PPO 算法从原理上看是同策略算法，但它可以是异策略算法吗，或者说可以用经验回放来提高其训练速度吗？为什么？（提示：是可以的，但条件比较严格。）

答：跟 A2C 一样，可以将经验回放与 PPO 结合，创建 PPO-ER（PPO with experience replay，近端策略优化 - 经验回放）算法。在 PPO-ER 中，智能体使用经验回放缓冲区中的数据来训练策略网络，这样可以提高训练效率和稳定性。这种方法通常需要调整 PPO 的损失函数和采样策略，以适应异策略训练的要求，需要谨慎调整它们。

3. PPO 算法更新过程中在将轨迹样本切分为多个小批量样本的时候，可以将这些样本顺序打乱吗？为什么？

答：将轨迹样本切分为多个小批量样本时，通常可以将这些样本顺序打乱，这个过程通常称为采样打乱（sample shuffling），这样做的好处有降低样本相关性、减小过拟合风险以及增强训练多样性（更全面地提高探索空间）等。

4. 为什么说重要性采样是一种特殊的蒙特卡罗采样？

答：原因如下。

- **估计期望值**：蒙特卡罗方法的核心作用之一是估计一个随机变量的期望值。蒙特卡罗采样通过从分布中生成大量的样本，并求取这些样本的平均值来估计期望值。重要性采样也通过从一个分布中生成样本，但不是均匀地生成样本，而是按照另一个分布的权重生成样本，然后使用这些带权重的样本来估计期望值。
- **改进采样效率**：重要性采样的主要作用是改进采样效率。当我们有一个难以从中采样的分布时，可以使用重要性采样来重新调整样本的权重，以使估计更准确。这类似于在蒙特卡罗采样中调整样本大小以提高估计的精确性。
- **权重分布**：在重要性采样中，我们引入了一个额外的权重分布，用于指导采样过程。这个权重分布决定了每个样本的相对贡献，以确保估计是无偏的。在蒙特卡罗采样中，权重通常是均匀分布的，而在重要性采样中，权重由分布的比例（要估计的分布和采样分布之间的比例）决定。